新工科建设·新形态系列教材

Arduino
创意产品编程与开发

/ 何 洋　颜国华 / 主编

/ 范兴铎　刘海军　王 晖 / 副主编

电子工業出版社

Publishing House of Electronics Industry

北京·BEIJING

内 容 简 介

本书是在总结创新创业教育、学科竞赛及教学科研成果的基础上编写而成的。全书共 8 章，第 1～3 章作为 Arduino 开发的基础，主要介绍 Arduino 概述、开发板、通用元器件及其相关编程语言；第 4 章介绍输出的案例，通过不同的案例学习 LED 的控制方法及软硬件设计；第 5 章介绍输入的案例，以此学习各种类型传感器的使用；第 6 章介绍较大功率元器件的案例，以此了解控制各种电动机的方法；第 7 章介绍各种创新项目、学科竞赛中广泛使用的图形图像识别、处理的知识与案例；第 8 章通过一个综合性案例——智能物流机器人小车的设计与制作来学习综合项目的软硬件开发。

本书配有仿真动画、电子课件、示例程序源文件等资源，读者可登录华信教育资源网（www.hxedu.com.cn）下载或扫描二维码观看。

本书可作为应用型本科和高职高专院校机械设计制造及其自动化、电子信息工程、机器人工程、计算机科学与技术等专业的教材或者各学校创新创业教育相关教材，也可作为学生参加机器人创新大赛、工程实践与创新大赛、物理创新竞赛、机械设计大赛、挑战杯科技作品竞赛等的指导性教材。

图书在版编目（CIP）数据

Arduino 创意产品编程与开发 / 何洋，颜国华主编. —北京：电子工业出版社，2022.9

ISBN 978-7-121-44203-2

Ⅰ．①A… Ⅱ．①何… ②颜… Ⅲ．①单片微型计算机－程序设计 Ⅳ．①TP368.1

中国版本图书馆 CIP 数据核字（2022）第 156009 号

责任编辑：戴晨辰　　　　特约编辑：田学清
印　　刷：三河市鑫金马印装有限公司
装　　订：三河市鑫金马印装有限公司
出版发行：电子工业出版社
　　　　　北京市海淀区万寿路 173 信箱　　　　邮编：100036
开　　本：787×1092　　1/16　　印张：13.75　　字数：343 千字
版　　次：2022 年 9 月第 1 版
印　　次：2025 年 1 月第 5 次印刷
定　　价：49.90 元

凡所购买电子工业出版社图书有缺损问题，请向购买书店调换。若书店售缺，请与本社发行部联系，联系及邮购电话：（010）88254888，88258888。

质量投诉请发邮件至 zlts@phei.com.cn，盗版侵权举报请发邮件至 dbqq@phei.com.cn。

本书咨询联系方式：dcc@phei.com.cn。

Arduino 作为全球流行的开源硬件，是一个优秀的硬件开发平台。Arduino 的简单开发方式使得开发者不需要关注难度较大的单片机知识。开发者更关注作品的创意与实现，更快地完成自己的项目开发，大大节约学习的成本，缩短开发的周期。

Arduino 的种种优势，使得越来越多的专业硬件开发者使用 Arduino 来开发他们的项目和产品。越来越多的软件开发者使用 Arduino 进入硬件、物联网等开发领域。在大学里，机械、电子、自动化、软件等相关专业，甚至艺术类专业，也纷纷开设了 Arduino 相关课程。

本书融入了编者近些年课堂教学、学科竞赛指导、学生科研训练计划项目和社会科技服务的经验，具有以下特点。

（1）理论和实践相结合，既有相关理论的介绍，又有相关的实践案例。读者只需要具备简单的物理学知识而不需要具备复杂的程序设计知识，且 Arduino 学习简单，上手快。

（2）既有各种传感器信号获取的案例，又有 LED 及电动机等输出的案例，还有图形图像处理及综合性案例，由简单到复杂，逐次推进 Arduino 的学习。

（3）作为"互联网+"新形态教材，本书配套了示例程序源文件、电子课件等教学资源，运行效果视频可扫描书中二维码观看，实现线上、线下相结合的教学模式。

各章主要内容如下。

第 1 章 介绍 Arduino 相关项目、Arduino 的使用范围、特点及 Arduino IDE 的使用简介。

第 2 章 介绍常用 Arduino 开发板的性能参数、通用元器件的原理及其使用方法。

第 3 章 介绍 Arduino 编程语言及其相关函数。

第 4 章 通过 LED 的控制介绍普通 LED、交通灯、数码管等的使用。

第 5 章 介绍灰度传感器、超声波测距传感器、酒精检测报警器、温湿度计、运动类传感器等 Arduino 常见传感器的应用。

第 6 章 介绍 Arduino 驱动各种电动机的案例，主要有直流电动机、步进电动机及舵机的使用。

第 7 章 介绍图像的基本知识、OpenMV 的使用及在树莓派平台上使用 OpenCV 进行图像识别的案例。

第 8 章 介绍一个综合性案例——智能物流机器人小车的设计与制作。

本书由何洋、颜国华任主编，范兴铎、刘海军、王晖任副主编。陈奕璋、甫尧锴、陈涛、洪佳涛等在电路图绘制、程序调试方面做了大量的工作。

限于编者水平，书中难免有不足之处，敬请读者批评指正，以便修订时改进。如果读者在使用本书的过程中有宝贵的意见或建议，恳请联系我们，电子邮箱：421144044@ qq.com。

编　者

第1章 Arduino 概述

Arduino 自 2005 年推出以来，便广受电子制作爱好者及创客的好评，现已成为行业内最为热门的开源硬件之一。对于未曾接触过 Arduino 的读者来说，可能对 Arduino 的使用还有很多疑问，本章将一一介绍并带大家开启 Arduino 创意产品编程与开发之旅。

1.1 Arduino 简介

下面通过几个基于 Arduino 开发的项目对 Arduino 进行简单介绍。

1. Yeelight 智能灯

青岛亿联客信息技术有限公司以技术变革快、用料精良、设计优质著称，开发了多款业界领先的智能情景照明产品，Yeelight 智能灯就是其代表作之一。Yeelight 智能灯与普通灯泡一样，拧进灯口即可使用，其不同之处在于，它可通过智能手机、采用蓝牙连接，实现控制颜色和亮度等功能。Yeelight 智能灯如图 1-1 所示。

Yeelight 的产品是以 Arduino 为基础平台开发的。Yeeligt 的设计团队非常擅长利用 Arduino 庞大的技术资源库，对 Yeelight 产品方案进行不断的优化和创新，显著地降低了其研发成本。作为技术导向的公司，Yeelight 接受了小米的投资，并成为小米生态链计划的一部分，如虎添翼地获得了渠道上的依托，因此爆款不断，颇受市场好评。

2. Pebble 智能手表

Pebble 智能手表是基于 Arduino 开发的，也是智能手表的鼻祖，是由硅谷创业公司 Pebble Technology 公司设计的一款兼容 iPhone 和 Android 手机的智能手表。Pebble 智能手表如图 1-2 所示。

图 1-1　Yeelight 智能灯

图 1-2　Pebble 智能手表

2015 年 2 月底，Pebble Technology 公司发起了众筹，上线不足 1 小时就筹到了 100 万美元，并在距离众筹结束还有 24 天时，就已筹措资金逾 1487 万美元，超越了之前的众筹冠军 Coolest Cooler，并刷新了 Kickstarter 的筹款记录。

3．Makerbot 3D 打印机

Makerbot 3D 打印机是一款基于 Arduino 研发的廉价 3D 打印机，其性能不输同期售价动辄上万元的 3D 打印机，但价格却只有同类产品的 1/10，同时又能够利用 Arduino 庞大的技术资源库进行改装和定制，因此迅速占领了市场。Makerbot 3D 打印机如图 1-3 所示。

4．工业级 PLC CONTROLLINO

CONTROLLINO 是第一款基于 Arduino 技术设计的用于工业领域的设备，如图 1-4 所示。其拥有多组输入/输出接口的同时还包含多个通信端口，这使其具有更高的灵活性和更强的控制能力。CONTROLLINO 基于最高的行业和电子安全标准开发，并获得了 CE 认证，这使其不仅可以完美地用于原型场景，还可以用于最终产品，超过 1200 家不同行业的公司和专业人士选择使用 CONTROLLINO 开发他们的项目或产品。

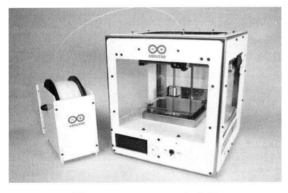

图 1-3　Makerbot 3D 打印机　　　　　　　　图 1-4　CONTROLLINO

5．ArduSat 微型卫星

位于美国加利福尼亚州的 NanoSatisfi 在 Kickstarter 上为自己的开源卫星项目 ArduSat 筹资。其利用开源硬件 Arduino，制作了一个体积虽小，但拥有基本探测功能的微型卫星。ArduSat 微型卫星如图 1-5 所示。由于 Arduino 是开源硬件，因此 ArduSat 拥有强大的自定义性，开发者都可以为自己的卫星编写程序，让 ArduSat 在太空按照自己的指令去行动。当 ArduSat 被送上太空后，将那里运行 6～8 个月，直到它坠入大气层被焚毁为止。其所收集到的收据将经由 GENSO 网络发送到地面接收站。

图 1-5　ArduSat 微型卫星

除此之外，基于 Arduino 开发的创意产品还有很多。Arduino 是一款便捷灵活、方便上手的开源电子原型平台，包含硬件（各种型号的 Arduino 开发板）和软件（Arduino IDE 和 Arduino 编程语言）。它能通过各种各样的传感器来感知环境，并通过控制灯光、马达和其他装置来反馈、影响环境，非常适用于艺术家、设计师、业余爱好者和所有对"互动"感兴趣的朋友们。

多年来，Arduino 一直是成千上万个项目的大脑，从日常物品到复杂的科学仪器。全世界的创客群体——学生、业余爱好者、艺术家、程序员和专业人士都聚集在这个开源平台，他们的贡献加起来形成了数量惊人的学习、开发资源，对新手和专家都有很大的帮助。

1.2　Arduino 由来

Massimo Banzi 之前是意大利伊夫雷亚一所高科技设计学校的老师，他的学生们经常抱怨找不到既便宜又好用的微控制器。2005 年冬天，Massimo Banzi 和 David Cuartielles 讨论起这个问题。David Cuartielles 是芯片工程师，当时在这所学校做访问学者，两人决定设计自己的电路板，并让 Massimo Banzi 的学生 David Mellis 为电路板设计编程语言。David Mellis 写出了程序代码、完成了电路板的制作，并将这块电路板命名为 Arduino。Massimo Banzi 及他的团队成员如图 1-6 所示。

图 1-6　Massimo Banzi 及他的团队成员

Massimo Banzi TED 演讲视频
Arduino 如何开启开源想象

Massimo Banzi、David Cuartielles 和 David Mellis 把设计图放到了网上。为了保持设计的开放源码理念，他们决定采用 Creative Commons（CC）的授权方式公开硬件设计图。在这样的授权下，任何人都可以生产电路板的复制品，甚至还能重新设计和销售原设计的复制品。人们不需要支付任何费用，甚至不用取得 Arduino 团队的许可。然而，如果重新发布了引用设计，那么必须声明 Arduino 团队的贡献。如果修改了电路板，那么最新设计必须使用相同或类似 CC 的授权方式，以保证新版本的 Arduino 电路板同样是自由和开放的。虽然 Arduino 是开源的，但还是保留了 Arduino 这个名字，Arduino 被注册成了商标，在没有官方授权的情况下不能使用它。

Arduino 的诞生源于他们想开发一种简单的设备，这种设备能够很容易地连接到其他设备上，如继电器、电动机、传感器，也应该很容易进行编程，并且价格要便宜。他们选择了 Atmel 公司生产的 8 位微控制器，并为微控制器编写了 Bootloader 固件，将固件全部打包放入一个简单的集成开发环境，通过一些简单地操作就可以实现所需要的功能。

1.3　选用 Arduino 作为开发平台的优势

目前市场上还有许多其他的单片机和单片机平台，如 51 单片机、STM32 单片机等。但它们对于开发者来说门槛相对较高，需要有一定编程和硬件相关的基础，内部寄存器较为繁杂，主流开发环境 Keil 配置也相对烦琐，且免费功能有限。

Arduino 不但便于初学者使用，而且对于高级用户来说也足够灵活。教师和学生可以利用它打造低成本的科学仪器来证明化学、物理原理，或者学习编程和机器人技术；设计师和建筑师利用它建立互动原型；音乐家和艺术家利用它来安装和调试新的乐器；此外，制造商还可以利用它来建造许多在制造商展览会上展出的项目。Arduino 是学习新事物的关键工具，任何人——儿童、业余爱好者、艺术家、程序员等，都可以按照工具包的说明进行组装、使用，或者与 Arduino 社区的其他成员在线分享创意。

Arduino 不仅简化了使用单片机工作的流程，同时还为教师、学生及业余爱好者提供了一些其他系统所不具备的优势。

（1）价格便宜。相比其他单片机平台而言，Arduino 生态系统的各种开发板性价比相对较高。

（2）跨平台。Arduino IDE 能在 Windows、macOS 和 Linux 操作系统中运行，而大多数其他单片机开发环境只能在 Windows 操作系统中运行。

（3）开发环境简单。Arduino 的编程环境易于初学者使用，同时对高级用户来讲也足够灵活，其安装和操作都非常简单。

（4）开源可扩展。Arduino 软件、硬件都是开源的，开发者可以对软件库进行扩展，也可以下载各种软件库来实现自己的功能。Arduino 允许开发者对硬件电路进行修改和扩展来满足不同的需求。

（5）学习资源丰富。自 2005 年以来，Arduino 获得了越来越多用户的青睐。学习教程及资源也越来越丰富。资源比较多的优秀网站主要有 Arduino 官网、Arduino 中文社区等，在这些网站中能够学到很多 Arduino 的相关知识，包括了解各款 Arduino 硬件、下载 Arduino IDE 软件、学习 Arduino 编程语言、学习传感器案例等。

1.4　安装 Arduino IDE 软件

Arduino 团队为 Arduino 开发板设计了一个专用的集成开发环境（Integrated Development Environment，IDE）软件，该软件具有编辑、验证、编译及上传等功能。用户可以从 Arduino 官网上获取最新版的 IDE 软件。Arduino 使用类似 C/C++的高级语言来编写原始程序文件，文件扩展名为 ino。

1. 软件下载

打开 Arduino 官网，选择合适版本的 IDE 软件进行下载，如果连接外网速度慢，那么可以在 Arduino 中文社区下载。在 Arduino 官网的下载过程如下。

（1）选择适合计算机系统的安装包。Arduino 下载安装包列表如图 1-7 所示。

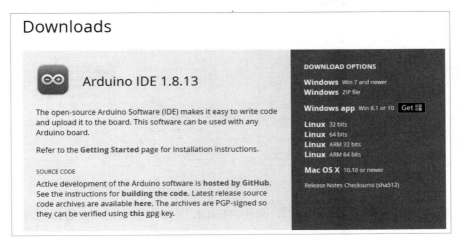

图 1-7　Arduino 下载安装包列表

（2）用户可以直接单击"JUST DOWNLOAD"按钮下载，也可以在捐赠一定数额的费用支持 Arduino 开发者后单击"CONTRIBUTE & DOWNLOAD"按钮下载。Arduino 下载界面如图 1-8 所示。

图 1-8　Arduino 下载界面

2．软件安装

（1）下载后双击打开安装程序。Arduino 安装包图标如图 1-9 所示。

（2）在弹出的许可页面中单击"I Agree"按钮。同意许可界面如图 1-10 所示。

（3）选择需要的组件（默认全选），单击"Next"按钮。安装组件界面如图 1-11 所示。

图 1-9　Arduino 安装包图标

图 1-10　同意许可界面

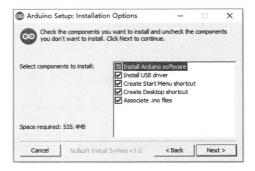

图 1-11　安装组件界面

（4）选择安装位置（默认为 C 盘），单击"Install"（安装）按钮。安装路径界面如图 1-12 所示。

（5）等待安装完成，并根据提示安装相应的驱动程序。安装过程界面如图 1-13 所示。

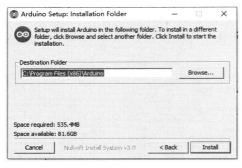

图 1-12　安装路径界面

图 1-13　安装过程界面

3．软件启动

双击 Arduino 快捷方式，启动 IDE，进入初始界面。新建 Arduino 软件界面如图 1-14 所示。

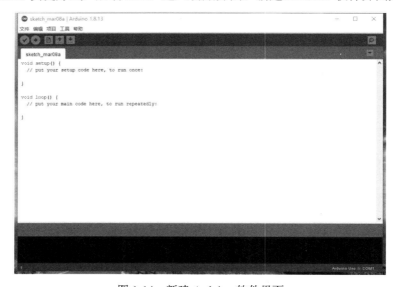

图 1-14　新建 Arduino 软件界面

1.5　加载第一个 Arduino 程序——Blink

1．打开 Blink 示例

Arduino 开发环境自带丰富的示例，包括基础、数字、模拟、通信、显示等，方便入门学习参考。以 Blink 示例为例，打开 Arduino IDE 后，选择"文件"→"示例"→"01.Basics"→"Blink"命令，即可打开开发环境内置的示例程序——Blink。本例展示利用 Arduino 实现最简单的物理输出：控制一个 LED 闪烁。因为 13 号引脚连接着一个焊接在 Arduino 开发板上的 LED，所以不需要外接 LED 模块，就可以演示。该示例的主要功能是让 13 号引脚连接的 LED 以 1s 的时间间隔闪烁。打开 Blink 示例界面如图 1-15 所示。

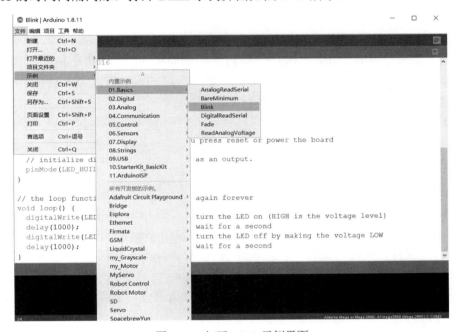

图 1-15　打开 Blink 示例界面

单击 Blink 后，会打开 Blink 的程序界面。Blink 程序界面如图 1-16 所示。

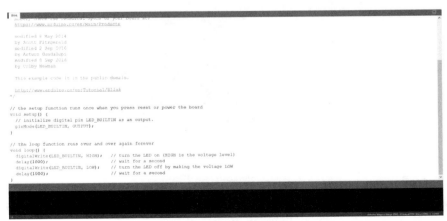

图 1-16　Blink 程序界面

程序代码如下。

```
//setup() 函数只运行一次，一般用于完成 Arduino 的初始化设置
void setup() {
    pinMode(LED_BUILTIN, OUTPUT);        // 将 13 号引脚初始化为输出模式
}
// loop()函数会一直循环运行
void loop() {
    digitalWrite(LED_BUILTIN, HIGH);     // 点亮 LED（配置引脚输出高电平）
    delay(1000);                         // 等待 1s
    digitalWrite(LED_BUILTIN, LOW);      // 熄灭 LED（配置引脚输出低电平）
    delay(1000);                         // 等待 1s
}
```

在程序中，需要利用下面这行代码将 13 号引脚初始化为一个输出引脚。

```
pinMode(LED_BUILTIN, OUTPUT);
```

在主循环中，利用下面这行代码点亮 LED。

```
digitalWrite(LED_BUILTIN, HIGH);
```

为 13 号引脚提供 5V 的电压，正是这个电压使 LED 亮起来。

用下列代码关闭 LED。

```
digitalWrite(LED_BUILTIN, LOW);
```

这行代码将 13 号引脚的电压重置为 0V，LED 灭。在 LED 的亮与灭之间，需要间隔一段时间，方便肉眼观察 LED 状态的改变，因此需要使用 delay()函数来告诉开发板，在 1s（1000ms）内不要有任何其他行为。也就是说，当使用 delay()函数时，在指定时间内 LED 会保持某个行为（如 LED 亮）。

双斜杠（//）后面的文字表示注释，编译时不执行该部分，主要为增加程序的可读性。

2. 硬件电路

本例不需要外接 LED 元器件，仅利用板载 LED 即可，因此不需要额外连接电路，一块 Arduino 开发板即可。Blink 硬件电路如图 1-17 所示。

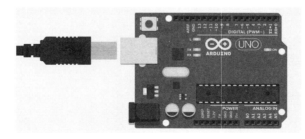

图 1-17　Blink 硬件电路

3. 程序烧录

只需要将 Arduino 开发板经 USB 接口与计算机连接，不需要再使用任何其他烧录器，即可将程序上传（upload）到微控制器中执行，步骤如下。

（1）将 Arduino Uno（或其他型号）与计算机的 USB 接口连接。

（2）打开 Arduino IDE，选择"工具"→"开发板：'Arduino Uno'"→"Arduino Uno"命令。Arduino 开发板界面如图 1-18 所示。

图 1-18　Arduino 开发板界面

（3）先选择"工具"→"端口"命令，再选择对应端口。

（4）单击"上传"按钮，等待编译上传，若失败，则检查步骤（2）和步骤（3），成功后即可看到状态栏上传成功。程序上传界面如图 1-19 所示。

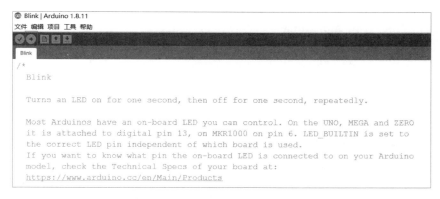

图 1-19　程序上传界面

（5）编译上传并运行程序。扫描二维码可查看 Blink 示例运行结果。

Blink 示例运行结果

1.6　本章函数小结

本章用到的 Arduino 函数如下。

1）pinMode()

功能：指定引脚工作模式（作为输入还是输出）。

形式：pinMode(pin, mode)。

参数：

pin 表示想要指定的引脚编号。

mode 表示引脚工作的模式，包括 INPUT、OUTPUT 和 INPUT_PULLUP 3 种模式（INPUT_PULLUP 参数设定内置的上拉电阻是否被使能）。

返回值：none。

范例：

```
pinMode(7, INPUT); // 将 7 号引脚设定为输入模式
```

2）digitalWrite()

功能：控制指定引脚输出指定数字信号。

形式：digitalWrite(pin, value)。

参数：

pin 表示用于输出数字信号的引脚编号。

value 表示数字信号值，可以为 HIGH 或 LOW。HIGH 表示输出高电平 5V（当使用 3.3V 的 Arduino 开发板时为 3.3V），LOW 表示输出低电平 0V。

范例：

```
digitalWrite(8, HIGH); // 将 8 号引脚设定为输出高电平
```

注意：使用前需用 pinMode() 指定引脚为 OUTPUT 模式。

3）delay(ms)

功能：暂停芯片执行多少毫秒。

形式：delay(ms)。

参数：

ms 表示延时时间，单位为毫秒（ms）。

范例：

```
delay(500); // 暂停 500ms（0.5s）
```

练习

1．Arduino 是什么？

2．Arduino 作为开发平台的优势有哪些？

3．Arduino IDE 的下载、安装有哪几步？尝试下载并安装 Arduino IDE。

4．Arduino IDE 自带的示例有哪几种？

第 2 章 Arduino 开发板、通用元器件及其开发环境

2.1 Arduino 开发板

Arduino 开发板使用 Atmel 公司研发的 ATmega AVR 系列微控制器，从第一代的 ATmega8、ATmega168、ATmega328 到新一代的 ATmega1280、ATmega2560 等微控制器，处理性能越来越强。Arduino 开发板种类虽多，但程序设计语言与硬件连接方式大致相同，常用的 Arduino Uno 开发板使用 ATmega328 芯片。现在大部分计算机已经没有 COM 串口了，因此 Arduino 开发板采用通用 USB 接口来连接计算机。

2.1.1 Arduino Uno 开发板

Arduino Uno 是基于 ATmega328P 微控制器的开发板。Arduino Uno 开发板如图 2-1 所示。

Arduino Uno 开发板有 14 个数字输入/输出引脚（其中 6 个可用作 PWM 输出引脚）、6 个模拟输入引脚、1 个 16MHz 晶体振荡器、1 个 USB 接口、1 个直流电源插座、1 个 ICSP 接口和 1 个复位键。只需要使用 USB 接口将其连接到计算机，或使用交直流适配器、电池为其供电即可开始使用。Arduino Uno 开发板是第一块使用 USB 接口的 Arduino 开发板，是 Arduino 平台的参考模型。Arduino Uno 解析图如图 2-2 所示。

图 2-1 Arduino Uno 开发板

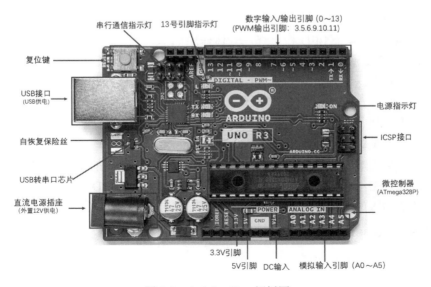

图 2-2 Arduino Uno 解析图

Arduino Uno 参数表如表 2-1 所示。

表 2-1 Arduino Uno 参数表

微控制器	ATmega328P
工作电压	DC 5V
输入电压（推荐）	7～12V
输入电压（限值）	6～20V
数字输入/输出引脚	14 个（其中 6 个可用作 PWM 输出引脚）
PWM 输出引脚	6 个
模拟输入引脚	6 个
每个输入/输出引脚的直流电流	20mA
3.3V 引脚的直流电流	50mA
闪存（Flash Memory）	32KB（其中引导程序占用 0.5KB）
静态存储器（SRAM）	2KB（ATmega328P）
带电可擦可编程只读存储器（EEPROM）	1KB（ATmega328P）
时钟频率	16MHz
长度	68.6mm
宽度	53.4mm
质量	25g

1．电源（Power）

Arduino Uno 有如下 3 种供电方式。

（1）通过 USB 接口供电，电压为 5V。

（2）通过直流电源输入插座供电，电压为 7～12V。

（3）通过 5V 端口或者 VIN 端口供电，5V 端口处供电必须为 5V，VIN 端口处供电为 7～12V。

2．指示灯（LED）

Arduino Uno 带有 4 个 LED 指示灯，具体作用如下。

（1）ON，电源指示灯。当 Arduino 通电时，ON 灯会被点亮。

（2）TX，串行发送指示灯。当使用 USB 接口将 Arduino Uno 连接到计算机且 Arduino 向计算机传输数据时，点亮 TX 灯。

（3）RX，串行接收指示灯。当使用 USB 接口将 Arduino Uno 连接到计算机且 Arduino 接收计算机传来的数据时，点亮 RX 灯。

（4）L，13 号引脚指示灯。该 LED 通过电路连接到 Arduino 的 13 号引脚，当 13 号引脚为高电平时，该 LED 会被点亮；当 13 号引脚为低电平时，该 LED 不会被点亮。因此可以通过程序或者外部输入信号来控制该 LED 的亮灭。

3．复位键（Reset Button）

按下该键可以重新启动 Arduino，重新开始运行程序。

4．存储空间（Memory）

Arduino 的存储空间即其主控芯片所集成的存储空间，可以通过使用外设芯片的方式来扩展 Arduino 的存储空间。Arduino Uno 的存储空间主要分为以下 3 种。

（1）Flash，容量为 32KB。其中 0.5KB 作为 BOOT 区用于储存引导程序，实现通过串口下载程序的功能，另外 31.5KB 作为用户储存空间。

（2）SRAM，容量为 2KB。SRAM 相当于计算机的内存，当 CPU 进行运算时，需要开辟一定的存储空间。当 Arduino 断电或复位后，其中的数据都会丢失。

（3）EEPROM，容量为 1KB。EEPROM 是一种用户可更改的只读存储器，其特点是在 Arduino 断电或复位后，数据不会丢失。

5．重要引脚

（1）Power 引脚：开发板可提供 3.3V 和 5V 电压输出，Vin 引脚可用于外部电源为开发板供电。

（2）Analog In 引脚：模拟输入引脚，开发板可读取外部模拟信号，A0～A5 为模拟输入引脚。

（3）Digital 引脚：Arduino Uno R3 拥有 14 个数字输入/输出引脚，其中 6 个可用于 PWM（脉宽调制）输出。数字引脚用于读取逻辑值（0 或 1），或者作为数字输出引脚来驱动外部模块，标有"～"的引脚可产生 PWM 信号。

（4）TX 引脚和 RX 引脚：标有 TX（发送）和 RX（接收）的两个引脚用于串行通信。其中标有 TX 和 RX 的 LED 连接相应引脚，在串行通信时会以不同速度闪烁。

（5）13 号引脚：开发板标记第 13 号引脚，连接板载 LED，可通过控制 13 号引脚来控制 LED 的亮灭，可辅助检测开发板是否正常。

2.1.2　Arduino Mega2560 开发板

Arduino Mega2560 是基于 ATmega2560 微控制器的开发板。Arduino Mega2560 开发板有 54 个数字输入/输出引脚（其中 15 个可用作 PWM 输出引脚）、16 个模拟输入引脚、4 个 UART（硬件串行端口）、1 个 16 MHz 晶体振荡器、1 个 USB 接口、1 个直流电源插座、1 个 ICSP 接口和复位键。只需要使用 USB 接口将其连接到计算机，或使用交直流适配器、电池为其供电即可开始使用。Arduino Mega2560 开发板与为 Arduino Uno 设计的大多数扩展板及 Duemilanove 或 Diecimila 板兼容。与 Arduino Uno 相比，Arduino Mega2560 更适合需要较多输入/输出接口的设计项目。Arduino Mega2560 开发板如图 2-3 所示。

图 2-3　Arduino Mega2560 开发板

　Arduino Mega2560 参数表如表 2-2 所示。

表 2-2　Arduino Mega2560 参数表

微控制器	ATmega2560
工作电压	DC 5V
输入电压（推荐）	7～12V
输入电压（限值）	6～20V
数字输入/输出引脚	54（其中 15 个可用作 PWM 输出引脚）
模拟输入引脚	16 个
每个输入/输出引脚的直流电流	40mA
3.3V 引脚的直流电流	50mA
闪存（Flash Memory）	256KB（其中 8KB 用作 Bootloader）
静态存储器（SRAM）	8KB
带电可擦可编程只读存储器（EEPROM）	4KB
时钟频率	16MHz

2.1.3　Arduino Nano 开发板

图 2-4　Arduino Nano 开发板

Arduino Nano 是一种基于 ATmega328（Arduino Nano 3.x）的小型主板，是 Arduino Uno 的微型版本。Arduino Nano 开发板去掉了 Arduino Duemilanove/Uno 的直流电源插座及稳压电路，采用 Mini-B 标准的 USB 接口。Arduino Nano 开发板的尺寸很小，可以直插接在面包板上使用。Arduino Nano 开发板如图 2-4 所示。

除了外观变化，Arduino Nano 的其他接口及功能基本保持不变，微控制器同样采用 ATmega328（Nano3.0），具有 14 个数字输入/输出引脚（其中 6 个可作为 PWM 输出引脚）、8 个模拟输入引脚、1 个 16MHz 晶体振荡器、1 个微型 USB 接口、1 个 ICSP 接口和 1 个复位键。

Arduino Nano 和 Arduino Uno 在使用上几乎完全相同，但采用的 USB 接口芯片不同，Arduino Uno 使用的是 ATmega16u2，Arduino Nano 使用的是 FT232RL。由于封装形式不同，Arduino Nano 比 Arduino Uno 多了 A6 和 A7 两个引脚，能够支持 8 个模拟输入引脚。

2.1.4　Arduino Leonardo 开发板

Arduino Leonardo 是基于 ATmega32u4 微控制器的开发板。它有 20 个数字输入/输出引脚（其中 7 个可用作 PWM 输出引脚）、12 个模拟输入引脚、1 个 16MHz 晶体振荡器、1 个微型 USB 接口、1 个直流电源插座、1 个 ICSP 接口和 1 个复位键。只需要使用 USB 接口将其连接到计算机，或使用交直流适配器、电池为其供电即可开始使用。Arduino Leonardo 开发板如图 2-5 所示。

图 2-5　Arduino Leonardo 开发板

Arduino Leonardo 参数表如表 2-3 所示。

表 2-3　Arduino Leonardo 参数表

微控制器	ATmega32u4
工作电压	DC 5V
输入电压（推荐）	7～12V
输入电压（限值）	6～20V
数字输入/输出引脚	20 个（其中 7 个可用作 PWM 输出引脚）
模拟输入引脚	12 个
每个输入/输出引脚的直流电流	40mA
3.3V 引脚的直流电流	50mA
闪存（Flash Memory）	32KB（ATmega32u4），其中 4KB 由引导程序使用
静态存储器（SRAM）	2.5KB（ATmega32u4）
带电可擦可编程只读存储器（EEPROM）	1KB（ATmega32u4）
时钟频率	16MHz

2.1.5　Arduino Micro 开发板

Arduino Micro 是基于 ATmega32u4 微控制器的开发板。它有 20 个数字输入/输出引脚（其中 7 个可用作 PWM 输出引脚）、12 个模拟输入引脚、1 个 16MHz 晶体振荡器、1 个微型 USB 接口、1 个 ICSP 接口和 1 个复位键。只需要用 Micro-USB 接口将其连接到计算机即可开始使用。Arduino Micro 开发板如图 2-6 所示。

图 2-6　Arduino Micro 开发板

2.1.6　Arduino Due 开发板

Arduino Due 是基于 Atmel SAM3X8E ARM Cortex-M3 CPU 微控制器的开发板。它是第一个基于 32 位 ARM 核心微控制器的 Arduino 开发板，有 54 个数字输入/输出引脚（其中 12 个可用作 PWM 输出引脚）、12 个模拟输入引脚、4 个 UART（硬件串行端口）、1 个 84MHz 晶体振荡器、1 个 USB 接口、2 个 DAC（数模转换器）、2 个 TWI 接口、1 个直流电源插座、1 个 SPI 接口、1 个 JTAG 接口、1 个复位键和 1 个擦除键。Arduino Due 开发板如图 2-7 所示。

与大多数 Arduino 开发板不同，Arduino Due 的运行电压为 3.3V。输入/输出引脚可承受的最大电压为 3.3V，对任何输入/输出引脚施加高于 3.3V 的电压都可能会损坏主板。

图 2-7　Arduino Due 开发板

2.1.7 Arduino 开发板的选择

在选择 Arduino 开发板之前，首先要考虑使用 Arduino 的目的。入门级开发板大多采用 Arduino Uno。自 2010 年 9 月推出 Arduino Uno 后，如今已发展至第三代的 Arduino Uno R3，有大量的资源（如库和项目）是和 Uno 配套的，适合于学习、入门。除此之外，也有一些具有专门功能的开发板，如 Arduino Yun、Arduino TIan 等，都非常适用于物联网应用的开发。

开发板的选择，要根据应用而定，如根据需要的硬件资源、存储器、引脚、USB 接口等，若设计较为复杂，则需要资源丰富的开发板。Arduino 开发板参数对照表如表 2-4 所示。

表 2-4　Arduino 开发板参数对照表

参　　数	型　　号					
	Uno（R3）	Mega2560	Nano3.x	Leonardo	Micro	Due
MCU	ATmega328P	ATmega2560	ATmega328	ATmega32u4	ATmega32u4	Atmel SAM3X8EARM Cortex-M3CPU
直流工作电压（V）	5	5	5	5	5	3.3
输入电压（V）	7～12	7～12	7～12	7～12	7～12	7～12
电压极限（V）	6～20	6～20	6～20	6～20	6～20	6～20
数字输入/输出引脚（个）	14	54	14	20	20	54
PWM 输出引脚（个）	6	15	6	7	7	12
模拟输入/引脚（个）	6	16	8	12	12	12
每个输入/输出引脚的直流电流（mA）	20	40	40	40	40	130
供电电流（mA）	50	50	50	50	50	800
特点	简单实用，适合初学者	端口多、配置高	功能与 Uno 一致,但体积更小	可以模拟出 USB 设备	功能与 Leonardo 一致，但体积更小	32 位 Arduino 控制器，带有 CNN 总线和 2 个模拟输出引脚

2.2　Arduino 扩展板

虽然 Arduino 开发板的电路搭建方便，但电路搭建后导线较乱，电源引脚和接地引脚不足，因此需要用面包板连接其他元器件，并且在面包板上插接元器件搭建电路需要有一定的电子知识。而使用扩展板可以简化电路搭建过程，更快速地搭建自己的项目。例如：使用传感器扩展板，只需要通过连接线把各种模块插接到扩展板上即可；使用网络扩展板，可以让 Arduino 获得网络通信功能。Arduino 扩展板通常具有和 Arduino 开发板一样的引脚位置，可以堆叠插接到 Arduino 开发板上，进而实现特定功能的扩展。

2.2.1 Arduino Uno 扩展板

市场上的 Arduino Uno 扩展板种类繁多，其中奥松机器人科技有限公司的 XBee 传感器扩展板扩展了蓝牙、Wi-Fi 和 XBee 模块通信接口，兼容 Arduino Uno、Arduino Duemilanove 及 Arduino Leonardo 等控制器，并且还增加了 5V/3.3V 电源切换功能，只需要简单地更改跳线帽的位置，即可使之兼容低电压传感器模块。XBee 传感器扩展板的全部数字与模拟接口以舵机线序形式扩展出来，还特设 IIC 接口、32 路舵机控制器接口（数字 D0、D1 口）、蓝牙模块通信接口、TF 卡模块通信接口、APC220 无线射频模块通信接口、12864 液晶串行接口等。

对于 Arduino 初学者来说，将常用传感器连接起来很容易实现，一款传感器仅需要一种通用 3P 传感器连接线（不分数字连接线与模拟连接线），完成电路搭建后，编写相应的 Arduino 程序并下载到相对应的 Arduino 控制器中，读取传感器数据或者接收无线模块回传数据，经过运算处理，完成自己的互动作品。XBee 传感器扩展板如图 2-8 所示。

XBee 传感器扩展板的产品参数如下。

- 产品名称：XBee 传感器扩展板。
- 产品货号：RB-01C015A。
- 输入电压：7～12V。
- 产品兼容：Uno、Due、Leonardo 等。
- 尺寸：56mm×56mm。

图 2-8　XBee 传感器扩展板

XBee 传感器扩展板的产品接口如下。

- D：数字信号接口。
- A：模拟信号接口。
- V/+：电源正极。
- G/−：电源地。
- 其他：APC220、蓝牙、SPI、XBee、IIC、LCD12864。

2.2.2　Arduino Mega2560 扩展板

在使用 Arduino Mega2560 制作各种互动作品时，Mega 传感器扩展板可以解决用面包板搭建电路时各种传感器所出现的不稳定、不美观等问题。Arduino Mega2560 扩展板如图 2-9 所示。

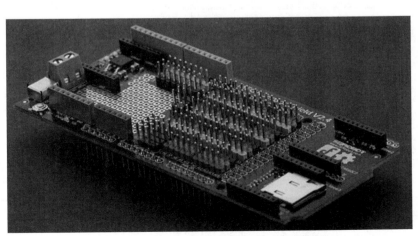

图 2-9　Arduino Mega2560 扩展板

Arduino Mega2560 扩展板的产品参数如下。

- 兼容 Arduino Mega1280、Arduino Mega2560、Arduino Mega ADK、Google ADK，前半部分兼容 Power Shield、Wi-Fi Shield、USB Host Shield、Motor Shield 等。
- 扩展 40 个数字输入/输出引脚（34 个舵机接口）及电源。
- 16 个模拟输入/输出引脚及 1 个直流电源插座。
- 1 个数字端口外接电源接线柱。
- 1 个数字端口外部供电和板载电源切换开关。
- 1 个 ICSP 下载接口。
- 3 个串口外接接口。
- 1 个复位键。
- 3 个 XBee 蓝牙无线数传接口。
- 1 个 IIC/I²C/TWI 接口。
- 1 个 Micro SD 卡槽。
- 扩展面包孔若干。
- 指示灯（Pin13）。
- 平面尺寸：130mm×58mm。

Arduino Mega2560 扩展板引脚说明如图 2-10 所示。

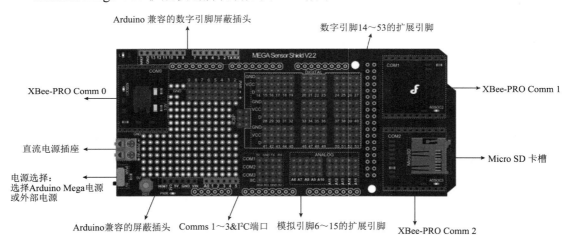

图 2-10　Arduino Mega2560 扩展板引脚说明

Arduino Mega2560 扩展板扩展数字引脚如表 2-5 所示。

表 2-5　Arduino Mega2560 扩展板扩展数字引脚

引　　脚	功　　能	应　　用
D50	MISO	SPI 接口
D51	MOSI	SPI 接口
D52	SCK	SPI 接口
D53	SS	SPI 接口
D1	TX0	串口 0

续表

引　脚	功　能	应　用
D0	RX0	串口 0
D18	TX1	串口 1
D19	RX1	串口 1
D16	TX2	串口 2
D17	RX2	串口 2
D14	TX3	串口 3
D15	RX3	串口 3
D20	SDA	IIC 接口
D21	SCL	IIC 接口
D4	PG5_SS	用 SD 卡时使用
D13	LED	数字引脚

2.3 Arduino 通用元器件简介

2.3.1 常用电子元器件

1. 电阻

导体对电流的阻碍作用称为该导体的电阻。导体的电阻越大，表示导体对电流的阻碍作用越大。不同的导体，电阻一般不同，电阻是导体本身的一种性质。导体的电阻通常用字母 R 表示，单位是欧姆，简称欧，符号为 Ω。电阻如图 2-11 所示。

图 2-11　电阻

电阻的种类按材料分有碳膜电阻、水泥电阻、金属膜电阻和线绕电阻等；按功率分有 1/16W、1/8W、1/4W、1/2W、1W、2W，最常见的就是色环电阻。

色环电阻的阻值非常好识别，对于四色环电阻来说，前二环为阻值对应的数字，第三环表示阻值倍乘的乘数，最后一环为误差；五色环电阻与四色环电阻类似，只不过前三环为阻值对应的数字，第四环才表示阻值倍乘的乘数，而最后一环为误差。四色环电阻的色环阻值对照表如表 2-6 所示。

表 2-6　四色环电阻的色环阻值对照表

颜　　色	第一环（数字）	第二环（数字）	第三环（乘数）	第四环（误差）
黑色	0	0	1	
褐色	1	1	10	±1%
红色	2	2	100	±2%
橙色	3	3	1k	
黄色	4	4	10k	
绿色	5	5	100k	±0.5%
蓝色	6	6	1M	±0.25%
紫色	7	7	10M	±0.10%
灰色	8	8		±0.05%
白色	9	9		

续表

颜　　色	第一环（数字）	第二环（数字）	第三环（乘数）	第四环（误差）
金色			0.1	±5%
银色			0.01	±10%
无色				±20%

2．电容

电容是储存电量和电能（电势能）的元器件。一个导体被另一个导体所包围，或者由一个导体发出的电场线全部终止在另一个导体的导体系，称为电容。电容如图 2-12 所示。

3．二极管

二极管是用半导体材料（硅、硒、锗等）制成的一种电子元器件。二极管具有单向导电性能，即当给二极管的阳极和阴极加上正向电压时，二极管导通，当给阳极和阴极加上反向电压时，二极管截止。二极管的导通和截止相当于开关的接通与断开。二极管如图 2-13 所示。

4．发光二极管

发光二极管简称 LED，由含镓（Ga）、砷（As）、磷（P）、氮（N）等的化合物制成。发光二极管可以分为普通单色发光二极管、高亮度发光二极管、超高亮度发光二极管、变色发光二极管、闪烁发光二极管、电压控制型发光二极管、红外发光二极管和负阻发光二极管等。发光二极管如图 2-14 所示。

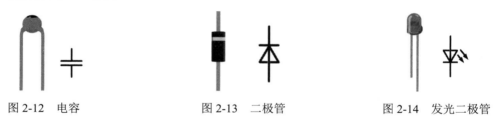

图 2-12　电容　　　　　　　图 2-13　二极管　　　　　　图 2-14　发光二极管

5．三极管

三极管的全称为半导体三极管，也称双极型晶体管、晶体三极管，是一种控制电流的半导体元器件，其作用是把微弱信号放大成幅度值较大的电信号，也用作无触点开关。三极管如图 2-15 所示。

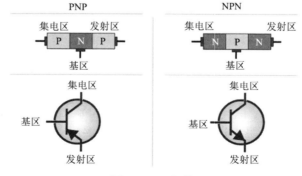

图 2-15　三极管

三极管是半导体基本元器件之一，具有电流放大作用，是电子电路的核心元器件。三极管是通过两个相距很近的 PN 结，把整块半导体分成发射区、基区、集电区 3 个部分的电子元器件，中间部分是基区，两侧部分是发射区和集电区，排列方式有 PNP 和 NPN 两种。

2.3.2　面包板与杜邦线

1．面包板

面包板是搭建基础电路原型的实验产品。开发者是在类似于切面包的木板上做电路搭建实验的，直到 1970 年，无须焊接的插接板普及后，面包板才慢慢变成了便捷电路原型实验产品的统称，所以在英文里"面包板（Breadboard）"和"原型（Prototype）"是同义词。因为这种插接板无须焊接，还可以反复使用，所以在学校、实验室内成为电路原型实验的必备产品。

面包板整板使用热固性酚醛树脂制造，板底有金属条，在板上对应位置打孔使得元器件插入孔中时能够与金属条接触，从而达到导电的目的。一般将每 5 个孔板用一条金属条连接。面包板中央一般有一条凹槽，主要是为支持双列直插式封装芯片而设计的。面包板两侧有两排竖着的插孔，也是 5 个一组，这两排插孔是给面包板上的元器件提供电源的。

面包板的外观及内部结构示意图如图 2-16 所示。常见的最小单元面包板分上、中、下 3 个部分，上面和下面部分一般是由一行或两行插孔构成的窄条，中间部分是由中间一条隔离凹槽和上、下各 5 行插孔构成的条。

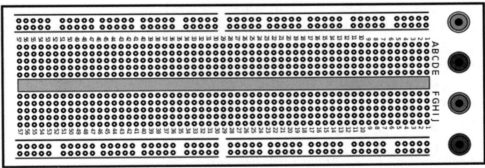

（a）面包板外观

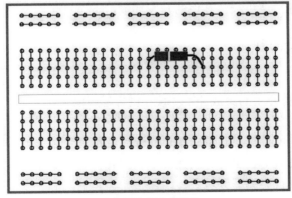

（b）面包板内部结构

图 2-16　面包板的外观及内部结构示意图

面包板的上下两行窄条之间电气不连通。每 5 个插孔为一组（通常称为"孤岛"），每 5 个内部电气连通，组与组之间不连通。下面通过一个小实验来演示面包板的使用。

面包板演示电路如图 2-17 所示。首先在面包板上插上一个 LED，然后在 LED 两个引脚的纵向插孔内分别接入电源的正极和负极，最后 LED 被点亮。初学者用 LED 做实验时要注意 LED 的电压范围，一般为 1.5～3V，使用普通干电池即可将其点亮。

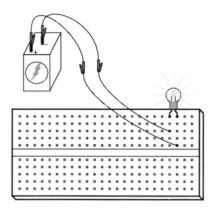

图 2-17　面包板演示电路

2．杜邦线

杜邦线主要用于电路实验，在进行电路实验时可以将杜邦线和插针进行连接。这种连接方式具有非常好的牢靠性，也能够省略焊接的过程，快速进入电路实验，在电子产品的应用中非常广泛。杜邦线主要分为公公头杜邦线、母母头杜邦线及公母头杜邦线。杜邦线如图 2-18 所示。

2.4　Arduino 开发环境

图 2-18　杜邦线

Arduino 官网提供了一种 Arduino IDE 的集成开发环境，该开发环境界面简洁，使用简单，受到很多用户的青睐。由于 Arduino IDE 具有缺少代码补全、调试效果有限等缺点，以及使用对象的不同，也出现了一些其他的开发环境，下面将简单介绍几种常用的开发环境。

2.4.1　Arduino IDE 简介

1．软件简介

Arduino IDE 是一种开源的集成开发环境，包含程序编辑、编译、上传等功能，界面非常简洁，主要分为 4 个部分。

（1）菜单栏：包含文件菜单、编辑菜单、程序菜单、工具菜单和帮助菜单。

（2）按钮栏：包含编译、上传、新建程序、打开程序、保存程序和串口监视器。

（3）编辑区：程序代码编写区域。

（4）状态栏：显示程序编译和上传等信息。

Arduino IDE 软件界面如图 2-19 所示。

图 2-19　Arduino IDE 软件界面

2．软件设置

单击"文件"选项卡，选择"首选项"命令，打开"首选项"对话框，可设置编辑器语言、编辑器字体大小、显示行号、代码折叠等。通过设置编辑器语言可以进行中/英文切换，也可以进行很多其他外文切换。设置完成后单击"好"按钮，部分设置需要重启软件才可以生效。"首选项"对话框如图 2-20 所示。

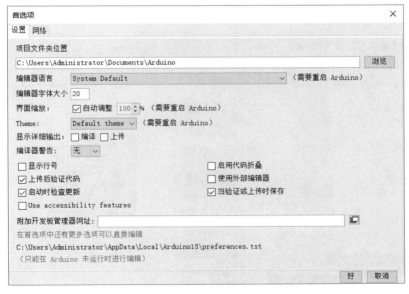

图 2-20　"首选项"对话框

3．示例程序

单击"文件"选项卡，选择"示例"命令，开发环境中自带很多示例。Arduino 示例程序界面如图 2-21 所示。

图 2-21 Arduino 示例程序界面

2.4.2 Arduino 图形编程开发环境

虽然使用 Arduino 编程已经非常方便了，但是对部分开发者来说仍存在着技术壁垒，所以出现了大量操作简易的图形化编程软件，其中应用比较广泛的图形化编程软件有 Blockly 和 Scratch 等。Blockly 图形开发环境如图 2-22 所示。

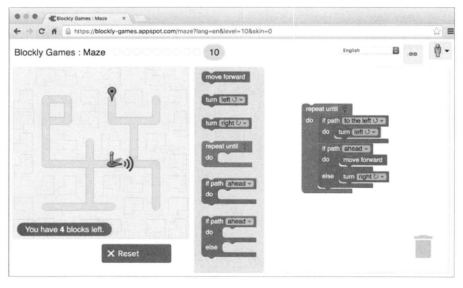

图 2-22 Blockly 图形开发环境

Google 早期和 MIT 合作建立了 App Inventor，可以用图形化编程软件来编写 Android 手机 App 的在线编程平台。拖动图形块的操作方式十分简便，后面出现的图形化编程软件，基本都能看到这种操作方式。后来 MIT 推出了 Scratch 在线编程平台，可以帮助用户编写各种动画，Scratch 所有的原始代码都是开源的，不过 Scratch 本身不支持硬件编程。Scratch 图形开发环境如图 2-23 所示。

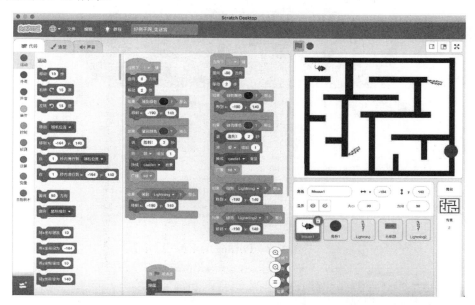

图 2-23　Scratch 图形开发环境

2.4.3　Fritzing 电路图制作软件简介

1．Fritzing 软件简介

Fritzing 是一款开源的原理图绘制、PCB 制作软件，该软件的设计出发点和 Arduino 相同，都是希望能够帮助没有电子背景的人完成电子产品的设计制作甚至是产品原型制造，并希望人们通过这个平台将自己的作品与他人分享。目前 Fritzing 的制作团队也希望通过和 Arduino 的结合让更多的人知道、了解和使用该软件。Fritzing 的主页如图 2-24 所示。

2．软件操作界面

双击 "Fritzing.exe" 打开软件。在 Fritzing 软件界面左侧占了大半个屏幕的是工作区，在工作区的中间有一块面包板，Fritzing 软件就是通过面包板这种形式让原理图绘制、PCB 制作变得直观和简单，用户只要会在面包板上搭建电子电路，就能够完成原理图的绘制和 PCB 的制作。在面包板的上方还有一段引导文字来帮助用户快速掌握软件的使用方法。屏幕的右上方为元件（元器件）区，这里有很多的元器件供用户调用，如电阻、二极管、按钮等，甚至 Arduino 本身也可以作为一个元器件直接调用，这些元器件都以实物的形式呈现给用户，不再是各种不知道什么含义的符号。屏幕的右下方是指示栏，指示栏中列出了所选元器件的各种属性，这些属性可以直接修改，如电阻的属性区就显示了电阻的阻值、封装、公差等信息，部分属性的改变会直接反映在元器件的外观上。屏幕的最上方是软件的菜单区，一些高级功能需要在这里操作。Fritzing 软件界面如图 2-25 所示。

图 2-24　Fritzing 的主页

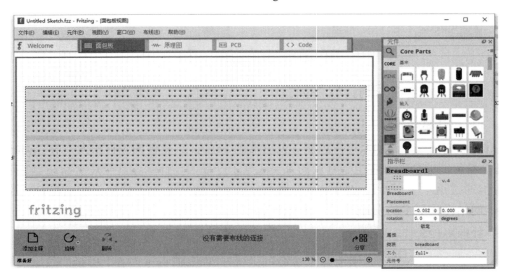

图 2-25　Fritzing 软件界面

在工作区的上方有 4 个用来切换 4 种不同工作区的标签，它们分别是面包板、原理图、PCB 和 Code。

3．面包板视图搭建电路

搭建一个前面介绍过的 LED 控制电路，在元器件区的元器件分类中选择 CORE，找到 Arduino Mega2560、LED 及电阻，并将这几个元器件拖到面包板视图中，按照图中的样式把这几个元器件插接在面包板上。在插接 LED 时要注意正负极，并遵循正极引脚比负极引脚长的约定。LED 控制电路图如图 2-26 所示。

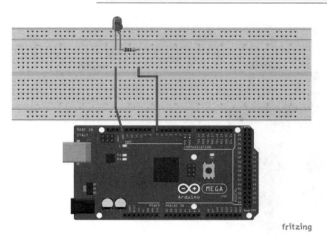

图 2-26　LED 控制电路图

2.4.4　Autodesk TinkerCAD 仿真平台简介

很多初学者都很困惑,种类繁多的电子元器件不知如何购买,即使买到元器件却常常因操作失误、计算不准或选型错误而烧坏元器件。这是初学者都会遇到的问题,有了 TinkerCAD 仿真平台,这些问题都将不再是问题,在 TinkerCAD 网络平台的仿真电子电路中,不用担心连线不对,也不用担心烧掉元器件。TinkerCAD 是一个免费的在线软件工具集合,可以帮助全世界的人们思考、创建和制作,也可以在线实现实体建模、电路搭建、程序编写及仿真调试功能。在此主要介绍电路搭建、程序编写及仿真调试等功能。

(1)需要创建一个免费账户访问该服务。登录 TinkerCAD 后,选择"电路"选项,单击"创建新电路"按钮。TinkerCAD 在线开发环境如图 2-27 所示。

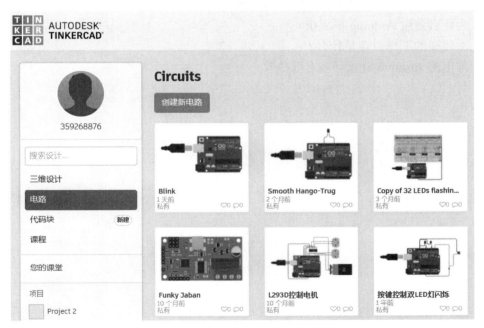

图 2-27　TinkerCAD 在线开发环境

（2）打开创建的电路主界面，在主界面右侧的组件列表中选择需要的元器件并拖入界面，搭建电路即可。单击"Code"按钮，即可在此写入代码。TinkerCAD 仿真界面如图 2-28 所示。

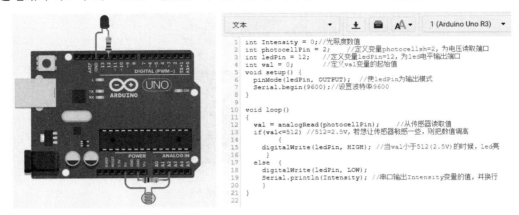

图 2-28　TinkerCAD 仿真界面

（3）仿真结果。

扫描二维码可查看仿真结果。

仿真结果

练习

1. Arduino 开发板有哪些？各有什么特点？
2. 为什么要用 Arduino 扩展板？
3. 面包板的工作原理是什么？
4. 常用的 Arduino 开发环境有哪些？

第3章 Arduino 编程语言基础

3.1 Arduino 语言及其程序结构

3.1.1 Arduino 语言

Arduino 使用 C/C++编写程序,虽然 C++兼容 C 语言,但这两种语言又有所区别。C 语言是一种面向过程的编程语言,而 C++是一种面向对象的编程语言。早期的 Arduino 核心库使用 C 语言编写,后来引进了面向对象的思想,目前最新的 Arduino 核心库采用 C 语言与 C++混合编程。

通常所说的 Arduino 语言,是指 Arduino 核心库文件提供的各种应用程序编程接口(Application Programming Interface,API)的集合。这些 API 是对底层的单片机支持库进行二次封装所形成的。Arduino 语言只不过把 AVR 单片机(微控制器)的一些相关参数设置都函数化,因此可以不用理会单片机中繁杂的寄存器配置就能直观地控制单片机,在增强程序可读性的同时,也提高了开发效率,这样即使不了解 AVR 单片机也能轻松上手。

3.1.2 Arduino 程序结构

在第 1.5 节中已经看到了第一个 Arduino 程序——Blink,如果曾经使用过 C/C++,那么就会发现 Arduino 的程序结构与传统 C/C++的程序结构有所不同——Arduino 程序中没有 main()函数。

其实并不是 Arduino 程序中没有 main()函数,而是 main()函数的定义隐藏在了 Arduino 的核心库文件中。在进行 Arduino 开发时一般不直接操作 main()函数,而是使用 setup()和 loop()两个函数。

可以通过选择"文件"→"示例"→"01. Basics"→"BareMinimum"命令查看 Arduino 程序结构。

Arduino 程序的基本结构如下。

```
void setup( )
{
// 在这里填写 setup()函数代码,它只会运行一次
}
void loop()
{
// 在这里填写 loop()函数代码,它会不断地重复运行
}
```

从上述程序结构可以看出,Arduino 程序主要包含以下两个部分。

1．setup()

Arduino 控制器通电或复位后，即开始执行 setup()函数中的程序，该程序只会执行一次。通常在 setup()函数中完成 Arduino 的初始化设置，如配置 I/O 接口状态和串口初始化等操作。即使程序中没有实际要运行的语句也不能省略该函数。

2．loop()

setup()函数中的程序执行完毕后，Arduino 会接着执行 loop()函数中的程序。而 loop()函数是一个死循环，其中的程序会不断地重复运行。通常在 loop()函数中完成程序的主要功能，如驱动各种模块和采集数据等。

3.2 Arduino C 语言程序基础

C 语言是一种结构化编程语言，它有着清晰的层次，可按照模块化的方式进行编程，非常有利于程序的调试，并且 C 语言的处理和表现能力都十分强大，依靠非常全面的运算符和多样化的数据类型，可以轻易完成各种数据结构的构建。在绝大多数的硬件开发中，均使用 C 语言或者 C++，Arduino 也不例外。使用 Arduino 时需要有一定的 C/C++基础，本节将主要从值（变量和常量）、运算符和控制结构等方面简要介绍 C 语言编程的基础知识。

3.2.1 常量与变量

数据有常量和变量之分，在 C/C++程序中，对所有数据都必须指定其数据类型。需要注意的是，Arduino 中的部分数据类型与计算机中的有所不同。

1．常量

在程序运行过程中，其值不能改变的量称为常量。常量可以是字符，也可以是数字，常量是 Arduino 语言中预定义的表达式，常常能够提高程序的可读性。Arduino 中定义的常量不会占用芯片上任何程序的内存空间。编译器将在编译时用定义的值替换对这些常量的引用。通常使用语句"#define 常量名 常量值"定义，如"#define n 30"就是定义 n 代表常量 30。

除此之外，Arduino 核心代码也自带了一些特别的常量。Arduino 自带常量如表 3-1 所示。

表 3-1 Arduino 自带常量

常 量 名	作 用	具体意义
HIGH/LOW	表示数字 I/O 接口的电平	HIGH 表示高电平（1），LOW 表示低电平（0）
INPUT/OUTPUT/ INPUT_PULLUP	表示数字 I/O 接口的方向	INPUT 表示输入（高阻态），OUTPUT 表示输出（AVR 能提供 5V 电压、40mA 电流）
true/false	布尔值	true 表示真（1），false 表示假（0）

1）定义引脚电平：HIGH 和 LOW

读取或写入数字引脚时，引脚只能读取或设置为两个可能的值：HIGH 和 LOW。HIGH 一般用来定义逻辑 1、ON 或者 5V，LOW 一般用来定义逻辑 0、OFF 或者 0V。

根据引脚设置为输入还是输出，HIGH 的含义有些不同。当使用 pinMode()将引脚配置为输入并使用 digitalRead()读取时，若出现以下情况，则 Arduino 将认为读取到高电平。

① 引脚（5V 开发板）上存在大于 3.0V 的电压。

② 引脚（3.3V 开发板）上存在大于 2.0V 的电压。

注意：当引脚通过 pinMode()配置为 INPUT，并通过 digitalWrite()设置为 HIGH 时，将启用内部 20kΩ 上拉电阻器，把输入引脚拉高到高读数，除非它被外部电路拉低。

当使用 pinMode()将引脚配置为 OUTPUT，并用 digitalWrite()设置为 HIGH 时，该引脚输出高电平：

① 5V（工作电压为 5V 的开发板输出电压）。

② 3.3V（工作电压为 3.3V 的开发板输出电压）。

在这种状态下，它可以提供电流，如点亮通过串联电阻接地的 LED。

根据引脚设置为输入还是输出，LOW 的含义也不同。当使用 pinMode()将引脚配置为输入，并使用 digitalRead()读取时，若出现以下情况，则 Arduino 将认为读取到低电平：

① 引脚（工作电压为 5V 的开发板）上存在低于 1.5V 的电压。

② 引脚（工作电压为 3.3V 的开发板）上存在低于 1.0V 的电压。

当使用 pinMode()将引脚配置为输出，并用 digitalWrite()设置为 LOW 时，该引脚输出低电平。

0V（工作电压为 5V 和 3.3V 的开发板）。

在这种状态下，它可以流入电流。例如，点亮通过串联电阻连接至+5V（或+3.3V）电源的 LED。

2）定义数字引脚模式：INPUT、INPUT_PULLUP、OUTPUT

数字引脚可用作输入、输入上拉或输出。使用 pinMode()更改引脚会更改引脚的电气行为。

（1）设置为 INPUT 的引脚。

使用 pinMode()配置为 INPUT 的 Arduino 引脚将处于高阻抗状态。设置为输入端的引脚相当于在引脚中串联有 100MΩ 的电阻，只需要微弱的电流就可以改变输入引脚的状态，对采样电路的要求非常小，这使得它们对于读取外界信号非常有用。

如果将引脚配置为 INPUT，并且正在读取开关，那么当开关处于打开状态时，输入引脚将"浮动"，从而导致不可预知的结果。为了确保开关打开时的读数正确，必须使用上拉或下拉电阻，此电阻的作用是在开关打开时将引脚拉至已知状态。通常选择 10kΩ 的电阻，因为它的值足够小，可以可靠地防止浮动输入，同时，它的值足够大，在开关闭合时不会产生太大的电流。下拉电阻与上拉电阻如图 3-1 所示。

① 如果使用下拉电阻，那么开关打开时输入引脚为低电平，开关闭合时输入引脚为高电平。

② 如果使用上拉电阻，那么开关打开时输入引脚为高电平，开关闭合时输入引脚为低电平。

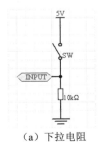

（a）下拉电阻   （b）上拉电阻

图 3-1 下拉电阻与上拉电阻

（2）设置为 INPUT_PULLUP 的引脚。

Arduino 上的 ATmega 微控制器具有内部上拉电阻，可以在 pinMode()中使用 INPUT_PULLUP 参数进行配置。

设置为 INPUT 或 INPUT_PULLUP 的输入端的引脚，如果连接到低于地（0V）或高于电源（5V 或 3V）的电压，那么开发板可能会损坏。

（3）设置为 OUTPUT 的引脚。

用 pinMode()配置为 OUTPUT 的引脚将处于低阻抗状态。这意味着它们可以为其他电路提供大电流。ATmega 引脚可以向其他设备/电路提供或吸收高达 40 mA 的电流。这使得它们在为 LED 供电时非常有用，因为 LED 通常使用小于 40mA 的电流。若连接大于 40mA 的负载（如电动机），则需要晶体管或其他接口电路驱动。

设置为 OUTPUT 的引脚如果直接连接到地或电源正极，那么开发板可能损坏。

3）定义内置：LED_BUILTIN

大多数 Arduino 开发板都有一个引脚，通过电阻与开发板上的 LED 串联。恒定 LED_BUILTIN 是板载 LED 所连接的引脚编号。大多数电路板都将此 LED 连接到 13 号数字引脚。

4）定义逻辑级别：true 和 false

在 Arduino 语言中，有两个常量用来表示真与假：true 与 false。false 是两者中比较容易定义的，一般定义为 0。true 通常被定义为 1，但是 true 有一个更广泛的定义，在布尔意义上，任何非零的整数都是真的，所以-1、2 和-200 在布尔意义上也都被定义为 true。

注意：与 HIGH、LOW、INPUT 和 OUTPUT 不同，true 和 false 常量是以小写形式表示的。

2. 变量

程序运行中其值可改变的量称为变量。变量在使用前就要定义，通常使用语句"类型 变量名;"定义。定义一个整型变量 i 的语句如下。

```
int i;
```

可以在定义变量的同时为其赋值，也可以在定义之后，再对其赋值，例如，

```
int i= 95;
```

和

```
int i;
i=95;
```

两者是等效的。

3. 标识符

标识符用来标识源程序中某个对象的名字，这些对象可以是数据类型、函数、变量、常量和数组等。标识符命名需要注意以下规则。

（1）由字母、数字和下画线组成。

（2）第一个字符必须是字母或下画线（以下画线开头的变量名一般为系统专用，最好不要使用）。

（3）不能使用系统关键字。

（4）长度不要超过 32 个字符。

（5）要注意大小写字符的区分。

（6）应做到简洁明了、含义清晰。

4．数据类型

C 语言中数据类型有很多种，基本的数据类型有如下几种：char、byte、int、long、float、double、bool 等。变量类型与取值范围如表 3-2 所示。

表 3-2　变量类型与取值范围

类　型	字 节 数	范　围	说　明
char		−128～127	Arduino 中的 char 是有符号的，等价于 signed char，范围是-128～127。char 目的是储存 ASCII 字符，如果想存储字节数据，那么建议使用 byte 来明确代码目的
signed char	1	−128～127	
unsigned char		0～255	
byte	1	0～255	byte 不是 C/C++标准类型，它是 Arduino 平台下特有的，实际就是无符号 8 位整型。在 Arduino.h 中，有这样的类型定义：typedef uint8_t byte;
int	2	−32768～32767（2 字节有符号）	在基于 ATmega 的 8 位单片机中，如 Arduino Uno、Ardunio Mega2560，int 是 2 字节的。而在有些高级 Arduino 开发板中，如 Arduino Due、SAMD 等中，int 占 4 字节
unsigned int		0～65535（2 字节无符号）	
long	4	−147483648 ～ 2147483647	长整型常量末尾要用 L 标识出来，如 long num = 29596725L;
unsigned long		0 ～ 4294967295	
float	4	−3.4028235E+38～3.4028235E+38	—
double	4	−3.4028235E+38～3.4028235E+38	在基于 ATmega 的 8 位单片机中，如 Arduino Uno、Arduino Mega2560、double 和 float 没有差别，都是 4 字节的，而在 Due 等高级开发板中占 8 字节。虽然在 8 位机的 Arduino 中 float 和 double 是一样的，但是在 32 位平台中，double 的精度比 float 高
bool	1	True/ false	实质就是 C++中的 bool 类型，也可以使用 boolean，因为在 Arduino.h 中，有这样的类型定义：typedef bool boolean;

1）整型

整型即整数类型。

2）浮点型

浮点数其实就是平常所说的实数。在 Arduino 中有 float 和 double 两种浮点类型，但在使用 AVR 作为控制核心的 Arduino（Uno、Mega 等）上，两者的精度是一样的，都占用 4 字节（32 位）内存空间。在 Arduino Due 中，double 类型占用 8 字节（64 位）内存空间。

3）字符型

字符型，即 char 类型，其占用 1 字节的内存空间，主要用于存储字符变量。在存储字符时，字符需要用单引号引用，如

```
char col = 'C';
```

字符都是以数字形式存储在 char 类型变量中的，数字与字符的对应关系请参照 ASCII 码表。

4）布尔型

布尔型变量即 boolean 类型。它的值只有两个：false（假）和 true（真）。boolean 类型会占用 1 字节的内存空间。

3.2.2 运算符

C 语言中有多种类型的运算符。常见 C 语言运算符如表 3-3 所示。

表 3-3　常见 C 语言运算符

运算符类型	运 算 符	说　明
算术运算符	=	赋值
	+	加
	−	减
	*	乘
	/	除
	%	取模
比较运算符	==	等于
	!=	不等于
	<	小于
	>	大于
	<=	小于或等于
	>=	大于或等于
逻辑运算符	&&	逻辑与运算
	||	逻辑或运算
	!	逻辑非运算
复合运算	++	自加
	−−	自减
	+=	复合加
	−=	复合减

3.2.3 表达式和语句

1. 表达式

表达式由一系列运算符（算术运算符、比较运算符等）和操作数（常量、变量）组成、

以实现特定操作的式子。运算符指明了要进行何种运算和操作，而操作数则是运算符操作的对象。以下是一些表达式的例子。

```
1
"hello world"
1 + 2
a=1+3
a>3
(a * b + c/d) / 5
```

通过上例可以看出一个表达式可以没有操作符，例如，"1"这种形式就是最简单的表达式，即只有一个常量或一个变量名称而没有操作符。还可以看出，一些表达式是多个较小的表达式的组合，这些小的表达式称为子表达式，如表达式(a *b + c/d)是表达式(a * b + c/d) / 5的子表达式，而表达式 a*b 又是表达式(a * b + c/d)的子表达式。

2. 语句、语句块

语句是一段可执行的代码，分号 "；" 视为一条语句的结束符号，如下面程序："digitalWrite(LED_BUILTIN, HIGH);"。语句块为两个花括号之间的语句合集，将多条相关语句作为一个整体和形成一个作用域如下面程序中 "{}" 包含的部分。

```
void loop() {
    digitalWrite(LED_BUILTIN, HIGH);
    delay(1000);
    digitalWrite(LED_BUILTIN, LOW);
    delay(1000);
}
```

3.2.4　函数

函数是一段以固定的格式封装（包装）成的一个独立程序模块，执行后可以得到想要的数据，或者实现某种目的，函数的本质是一段可以重复使用的代码，这段代码被提前编写好了，使用时直接调用即可。通过下面的例子来学习一下函数的一些基本概念。

```
void(返回值类型)loop(函数名)(参数列表…)
{
/*
函数主体
*/
return [变量名]; // 是否需要写变量名取决于返回类型
}
```

返回类型：一个函数可以返回一个值，函数的返回类型就是函数返回的值的数据类型。如上面的例子，有些函数执行所需的操作而不返回值，在这种情况下，返回类型的关键字是 void。

函数名：函数的实际名称，如 loop()、setup()等。

参数：就像是占位符。当函数被调用时，向参数传递一个值，这个值称为实际参数。参数列表包括函数参数的类型、顺序、数量。参数是可选的，也就是说，函数可能不包含参数。

函数主体：一组包含定义函数执行任务的语句，以实现特定的计算或操作。

```
void setup() {
Serial.begin(9600);
}

void loop(){
    int x = 5;
    int y = 6;
    int s;
    s = area(x, y);        // 函数调用
    Serial.print( "长方形的面积为：");
    Serial.println(ret);
}
int area(int x,int y)    // 函数返回
{
    int area;            // 局部变量声明
    area=x*y;
    return(area);
}
```

函数声明：告诉编译器函数的名称及如何调用函数。

函数定义：实现函数功能的具体代码。

函数调用：赋予函数参数，使用函数。

3.2.5　控制结构

1．顺序结构

顺序结构是 3 种基本结构之一，也是最基本、最简单的程序组织结构。在顺序结构中，程序按语句的先后顺序依次执行。一个程序或者一个函数，在整体上是一个顺序结构，它由一系列语句或者控制结构组成，这些语句与结构都按先后顺序运行。

顺序结构如图 3-2 所示。虚线框内是一个顺序结构，其中 A、B 两个框是顺序执行的，即在执行完 A 框中的操作后，会执行 B 框中的操作。

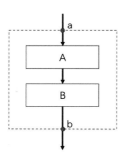

图 3-2　顺序结构

2．选择结构

选择结构又称选取结构或分支结构。在编程中，经常需要根据当前数据做出判断，以决定下一步的操作。例如，Arduino 可以通过气体传感器检测出室内的煤气浓度，并需要在程序中对煤气浓度做出判断，如果煤气浓度过高，

那么 Arduino 可以控制报警装置发出警报信号，这时便会用到选
择结构。选择结构主要有以下 4 种形式。

1）if 语句

if 语句为简单分支结构，如果条件为 true，那么 if 语句内的代
码块将被执行。如果条件为 false，那么 if 语句结束后的第一组代
码将被执行。简单分支结构如图 3-3 所示。

if 语句通常与比较运算符结合使用，以判断是否已达到某些
条件，如一个输入数据在某个范围之外。if 语句的使用格式如下。

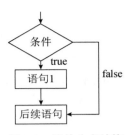

图 3-3　简单分支结构

```
if (value > 50)
{
  // 这里加入代码
}
```

该程序测试 value 是否大于 50。如果是，那么程序将执行特定的动作。换句话说，如果
圆括号中的语句为真，那么花括号中的语句就会执行。如果不是，那么程序将跳过这段代码。
花括号可以被省略，如果这么做，那么下一行（以分号结尾）将成为唯一的条件语句。下面
4 种表达方式都是正确的。

```
if (x > 120) digitalWrite(LEDpin, HIGH);

if (x > 120)
digitalWrite(LEDpin, HIGH);

if (x > 120){ digitalWrite(LEDpin, HIGH); }

if (x > 120){
  digitalWrite(LEDpin1, HIGH);
  digitalWrite(LEDpin2, HIGH);
}
```

2）if…else 语句

if…else 语句为双分支结构，如果条件为 true，那么执行 if 块内的代码；如果条件为 false，
那么执行 else 块内的代码。双分支结构如图 3-4 所示。

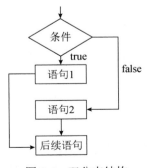

图 3-4　双分支结构

与基本的 if 语句相比，由于允许多个测试组合在一起，因此 if…else 语句可以使用更多的控制流。例如，可以测试一个模拟量输入，如果输入值小于 500，那么采取一个动作，而如果输入值大于或等于 500，那么采取另一个动作。代码看起来像是这样：

```
if (pinFiveInput < 500)
{
  // 动作 A
}
else
{
  // 动作 B
}
```

3）if…else if…else 语句

if 语句后面可以跟随一个可选的 else if…else 语句，其对于测试各种条件非常有用，为多分支结构。多分支结构如图 3-5 所示。

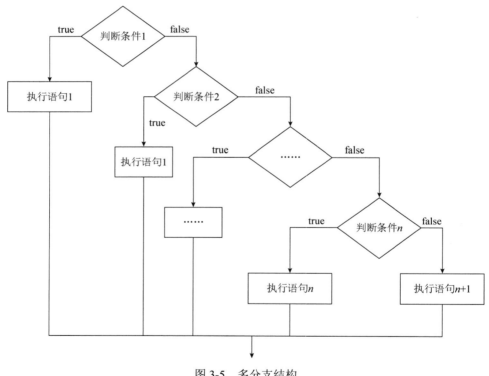

图 3-5　多分支结构

当使用 if…else if…else 语句时，要注意：

（1）一个 if 可以有 0 或 1 个 else 语句。

（2）if 可以有 0 到多个 else if 语句。

（3）一旦 else if 成功，将不会测试剩余的 else if 或 else 语句。

else 中可以进行另一个 if 测试，这样多个相互独立的测试就可以同时进行了。每一个测试一个接一个地执行，直到遇到一个测试为真为止。当发现一个测试条件为真时，与其关联的代码块就会执行，程序将跳到完整的 if…else 结构的下一行。如果没有一个测试被验证为真，或存在默认语句块，那么将被设为默认行为（default）并执行。

注意：一个 else if 语句块可能有或者没有终止 else 语句块，每个 else if 分支允许有无限多个。

```
if (pinFiveInput < 500)
{
    // 执行动作 A
}
else if (pinFiveInput >= 1000)
{
    // 执行动作 B
}
else
{
    // 执行动作 C
}
```

4）switch…case 语句

switch case 语句是另外一种表达互斥分支测试的方式。switch 结构会将 switch 语句后的表达式与 case 后的常量表达式进行比较，如果相符，那么会运行常量表达式所对应的语句；如果都不相符，那么会运行 default 后的语句；如果不存在 default 部分，那么程序将直接退出 switch 结构。

在进入 case 判断并执行完相应程序后，一般要使用 break 语句退出 switch 结构。如果没有使用 break 语句，那么程序会一直执行到有 break 的位置才退出或运行完该 switch 结构退出。

switch…case 语句结构的流程图如图 3-6 所示。

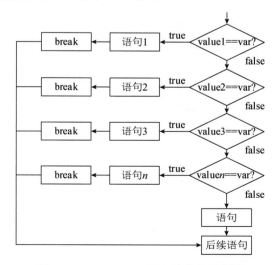

图 3-6　switch…case 语句结构的流程图

就像 if 语句，switch…case 通过允许程序员根据不同的条件指定不同的应被执行的代码来控制程序流。特别地，一个 switch 语句对一个变量的值与 case 语句中指定的值进行比较。当一个 case 语句被发现其值等于该变量的值时，就会运行这个 case 语句下的代码。

break 关键字将中止并跳出 switch 语句段，常常用于每个 case 语句的最后面。如果没有 break 语句，那么 switch 语句将继续执行下面的表达式（"持续下降"），直到遇到 break，或者到达 switch 语句的末尾。

示例：

```
switch (var) {
    case 1:
        // 当 var 等于 1 执行这里
        break;
    case 2:
        // 当 var 等于 2 执行这里
        break;
    default:
        // 如果没有匹配项，那么将执行此默认段
        // default 段是可选的
}
```

3. 循环结构

循环结构又称重复结构，即反复执行某一部分的操作。有两类循环结构："当"型（while）循环和"直到"型（do…while）循环。

"当"型循环结构会先判断给定条件表达式 p1，当给定条件表达式 p1 不成立时，即执行后续语句 B 退出该结构；当条件表达式 p1 成立时，执行语句 A。执行完语句 A 操作后，再次判断条件表达式 p1 是否成立，如此反复。典型的"当"型循环结构主要有 while 循环。

"直到"型循环结构会先执行语句 A，然后判断给定的条件表达式 p2 是否成立，若条件表达式 p2 不成立，则执行后续语句 B 退出循环；若条件表达式 p2 成立，则返回该结构的起始位置，重新执行语句 A，如此反复。典型的"直到"型循环结构主要有 do…while 循环。

1）while 循环语句

while 循环结构如图 3-7 所示。while 循环将会连续地循环，直到条件表达式 p1 为假。被测试的变量必须被改变，否则 while 循环将永远不会中止。

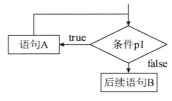

图 3-7　while 循环结构

示例：

```
var = 0;
```

```
while(var < 200){
  // 做 200 次重复的事情
  var++;
}
```

2）do…while 语句

do 循环与 while 循环使用相同的方式工作，不同的是条件表达式 p2 在循环的末尾被测试，所以 do 循环总是至少会运行一次，do…while 循环结构如图 3-8 所示。

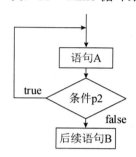

图 3-8　do…while 循环结构

```
do
{
    // 语句块
} while (测试条件);
```

示例：

```
do
{
  delay(50);              // 等待传感器稳定
  x = readSensors();      // 检查传感器的值
} while (x < 100);
```

3）for 语句

for 语句用于重复执行被花括号包围的语句块。一个增量计数器通常被用来递增和终止循环。for 语句对于任何需要重复的操作都是十分有用的，常用于程序的各种遍历中。for 循环结构如图 3-9 所示。

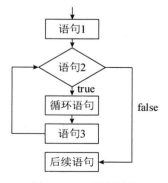

图 3-9　for 循环结构

for 循环的头部有 3 个部分：

```
for (初始化部分语句 1; 条件判断部分语句 2; 数据递增部分语句 3) {
// 语句块
…
}
```

初始化部分被第一个执行，且只执行一次。每次通过这个循环，条件判断部分都将被测试，如果条件测试为真，那么循环语句块和数据递增部分就会被执行，条件判断部分就会被再次测试，当条件测试为假时，结束循环。

示例：

```
// 使用一个 PWM 引脚，使 LED 渐渐地变亮
int PWMpin = 10; // LED 在 10 号引脚串联一个 220Ω 的电阻
void setup()
{
    // 这里无须设置
}
void loop()
{
    for (int i=0; i <= 255; i++){
        analogWrite(PWMpin, i);
        delay(10);
    }
}
```

C 语言中的 for 循环比在其他计算机语言中的 for 循环要灵活得多，其初始化部分、条件判断部分和数据递增部分可以是任何合法使用任意变量的 C 语句，而且可以使用包括 float 在内的任何数据类型。

例如，在一个 for 循环中使一个 LED 渐渐地变亮和变暗：

```
void loop()
{
    int x = 1;
    for (int i = 0; i > -1; i = i + x){
        analogWrite(PWMpin, i);
        if (i == 255) x = -1;                   // 在峰值处切换方向
        delay(10);
    }
}
```

4）break 语句

break 语句用于终止 switch 语句，跳过后续分支，它也用于提前终止 do…while、for 或 while 循环。

示例：

```
for (x = 0; x < 255; x ++)
```

```
{
    digitalWrite(PWMpin, x);
    sens = analogRead(sensorPin);
    if (sens > threshold){
        x = 0;
        break;
    }
    delay(50);
}
```

5）continue 语句

continue 语句用于跳过当前循环的剩余语句，继续进行下一轮循环。

示例：

```
for (x = 0; x < 255; x ++)
{
    if (x > 40 && x < 120){
        continue;
    }
    digitalWrite(PWMpin, x);
    delay(50);
}
```

6）return 语句

return 语句用于终止一个函数，并向被调用函数返回一个值。

示例：

```
// 一个函数，用于对一个传感器输入一个阈值进行比较
    int checkSensor(){
    if (analogRead(0) > 400) {
        return 1;
    else{
        return 0;
    }
}
```

return 关键字对测试一段代码很方便，不需要"注释掉"大段的可能存在错误的代码。

```
void loop(){
// 在此测试代码是个好想法
return;
// 这里是功能不正常的代码
// 这里的代码永远也不会被执行
}
```

7）goto 语句

goto 语句用于在程序中转移程序流到一个标记点。

语法：

```
label:
goto label; // sends program flow to the label
```

在 C 语言程序中不建议使用 goto 语句，而且一些 C 语言编程教材的作者主张永远不要使用 goto 语句，但是有时候使用它可以简化某些程序代码。许多程序员不赞成使用 goto 语句的原因是，无节制地使用 goto 语句很容易产生执行混乱且很难调试的程序。尽管如此，仍然有很多使用 goto 语句而大大简化代码的实例。比如，可从一个多层的循环嵌套中或者 if 逻辑块中直接跳出。

示例：

```
for(byte r = 0; r < 255; r++){
    for(byte g = 255; g > -1; g--){
        for(byte b = 0; b < 255; b++){
            if (analogRead(0) > 250){ goto bailout;}
            // 其他语句
        }
    }
}
bailout:
```

3.3　Arduino 基本函数

Arduino 内置函数主要用于控制 Arduino 开发板和执行相关的计算。包含输入输出函数、时间函数、数学函数、随机数函数、通信函数、中断函数等。

1．输入输出函数

1）pinMode(pin, mode)

指定引脚工作模式，作为输入或输出。

例如：

```
pinMode(7, INPUT); // 将 7 号引脚设定为输入模式
```

2）digitalWrite(pin, value)

控制指定引脚输出指定数字信号。引脚必须先通过 pinMode 设置为输入或输出模式，digitalWrite 才能生效。

例如：

```
digitalWrite(8, HIGH); // 将 8 号引脚设定为输出高电平
```

3）digitalRead(pin)

读取指定引脚的值，当测到引脚处于高电平时返回 HIGH，否则返回 LOW。

例如：

```
val = digitalRead(7); // 读取 7 号引脚的电平信号，并赋值给变量 val
```

4）analogRead(pin)

从指定模拟引脚读取引脚的模拟信号值，并返回一个 0～1023 的数值表示相对应的 0～

5V 的电压值。

例如：

val = analogRead(0); // 读取模拟引脚 0 的值并指定给 val 变量

5）analogWrite(pin, value)

从指定模拟引脚输出 PWM 信号（模拟值），可输出模拟信号的引脚编号通常为 3、5、6、9、10 与 11。value 变量范围为 0～255，例如，输出电压 2.5 V，该值大约是 128。

例如：

analogWrite(9, 128); // 输出电压约为 2.5V

2．时间函数

1）delay(ms)

暂停芯片执行多少毫秒。

例如：

delay(500); // 暂停 500ms（0.5s）

2）delay Microseconds(μs)

暂停芯片执行多少微秒。

例如：

delayMicroseconds(1000); // 暂停 1000 微秒

3．数学函数

基本的数学运算及三角函数。

1）min(x, y)

计算两数之间的较小者。

例如：

val = min(10, 20); // 返回 10

2）max(x, y)

计算两数之间的较大者。

例如：

val = max(10, 20); // 返回 20

3）abs(x)

计算该数的绝对值，可以将负数转为正数。

例如：

val = abs(-5); // 返回 5

4）constrain(x, a, b)

将一个数约束在一个范围内。限制 x 位于 a 与 b 之间，即 x 若小于 a 则返回 a；若介于 a 与 b 之间，则返回 x 本身；若大于 b 则返回 b。

例如：

val = constrain(analogRead(0), 0, 255); // 忽略大于 255 的数

5）map(value, fromLow, fromHigh, toLow, toHigh)

将一个数从一个范围映射到另外一个范围。也就是说，会将 fromLow 到 fromHigh 之间的值映射至 toLow 到 toHigh 之间的值。

例如：

```
val = map(analogRead(0), 0, 1023, 100, 200); // 将 analog 所读取的信号对等转换至 100～200 的数值
```

6）pow(base, exponent)

计算一个数的指数值。

例如：

```
x = pow(y, 32); // 设定 x 为 y 的 32 次方
```

7）sqrt(x)

计算 x 的平方根值。

例如：

```
a = sqrt(1138); // 计算 1138 的平方根的近似值为 33.734255586866
```

8）sin(rad)

计算角度（rad）的正弦值。

例如：

```
sine = sin(2); // 近似值为 0.909297426826
```

9）cos(rad)

计算角度（rad）的余弦值。

例如：

```
double cosine = cos(2); // 近似值为-0.41614685058
```

10）tan(rad)

计算角度（rad）的正切值。

例如：

```
tangent = tan(2); // 近似值为-2.18503975868
```

4．随机数函数

1）random(max)

random(min, max)

生成指定区间的随机数。如果没有指定最小值，那么预设为 0。

例如：

```
randnum = random(0, 100);      // 返回 0～99 的数值
randnum = random(11);          // 返回 0～10 的数值
```

2）randomSeed(seed)

使用 randomSeed()初始化伪随机数生成器，使生成器在随机序列中的任意点开始。这个序列虽然很长，并且是随机的，但始终是同一个序列。如果需要在一个 random()序列上生成真正意义的随机数，那么在执行其子序列时使用 randomSeed()函数预设一个绝对的随机输入。例如，一个断开引脚上的 analogRead()函数的返回值。

例如:

```
randomSeed(analogRead(5));        // 使用模拟输入当作随机数种子
```

5．通信函数

1）Serial.begin(speed)

可以指定 Arduino 与计算机交换信息的速率，通常使用 9600bit/s（位每秒）。当然也可以使用其他的速率，但是通常不会超过 115200bit/s。

例如:

```
Serial.begin(9600);
```

2）Serial.print(data)

Serial.print(data, encoding)

将数据通过串口传回，encoding 指明数据传回类型，默认为纯文本格式。

例如:

```
Serial.print(75);          // 打印出"75"
Serial.print(75, DEC);     // 打印出"75"
Serial.print(75, HEX);     // "4B"（75 的十六进位）
Serial.print(75, OCT);     // "113"（75 的八进位）
Serial.print(75, BIN);     // "1001011"（75 的二进位）
Serial.print(75, BYTE);    // "K"（以字节进行传送，显示以 ASCII 编码方式）
```

3）Serial.println(data)

Serial.println(data, encoding)

与 Serial.print()相同，但会在数据尾部换行。

例如:

```
Serial.println(75);        // 打印出"75"
Serial.println(75, DEC);   // 打印出"75"
Serial.println(75, HEX);   // "4B"
Serial.println(75, OCT);   // "113"
Serial.println(75, BIN);   // "1001011"
Serial.println(75, BYTE);  // "K"
```

4）int Serial.available()

获取从 Arduino 串口读取的有效字节数（字符）。这是已经传输并存储在串行接收缓冲区（能够存储 64 字节）的数据。

例如:

```
int count = Serial.available();
```

5）int Serial.read()

从 Arduino 串口缓冲区读取 1 字节数据。

例如:

```
int data = Serial.read();
```

6）Serial.flush()

早期 Serial.flush()函数用于清空串口缓存，但从 Arduino 1.0 起，这个函数的含义变为等待传出串行数据的传输完成。如果还需要清空串口缓存，那么可以使用 while(Serial.read()>=0)来代替。

例如：

```
Serial.flush();
```

练习

1. Arduino 程序主体主要分为哪两个部分？
2. 什么是常量？什么是变量？
3. Arduino 有哪些数据类型？
4. 什么是上拉电阻？什么是下拉电阻？
5. 标志一条命令结束的符号是什么？
6. 控制结构分为哪几种形式？
7. delay()函数的作用是什么？

第 4 章　LED 的控制

通过前述章节的学习，已经掌握了 Arduino 的基本概念及编程的基础知识，下面将通过一些使用不同方法控制 LED 的小项目来展示如何使用 Arduino 的基本数字输入、输出函数控制相关硬件。

4.1　点亮 LED

回顾第 1 章的 Blink 示例，点亮 Arduino 开发板上的 13 号引脚控制的 LED，本项目将使用其他数字引脚，控制外接 LED，学习一些基本的电子知识及 Arduino 基本数字输出函数的应用。

4.1.1　硬件设计

一个 Arduino 电子创意项目的实现基本包含两方面的内容：硬件设计与软件设计，这两者既相互独立又相互依存。硬件是软件的载体，软件是硬件的表达，硬件决定了软件的功能边界，而软件决定了硬件的操控水平，这就像人类的身体与思想的关系。要用软件控制硬件来实现特定的功能，就必须了解硬件的基本知识。点亮 LED 元器件清单如表 4-1 所示。

表 4-1　点亮 LED 元器件清单

元　器　件	数　　量	元器件代号
Arduino Uno R3	1	U1
220Ω 电阻	1	R1
红色 LED	1	VD1
杜邦线	若干	

这些元器件主要包含 Arduino Uno 开发板、电阻与 LED 这 3 种，Arduino Uno 开发板在前面的章节里已经有所介绍，就不再赘述了，这里主要介绍一下电子设计制作中电阻与 LED 的基本知识。

1. 电阻

220Ω 电阻如图 4-1 所示。下面尝试通过色环来识别其阻值。该电阻第 1 环、第 2 环为红色，第 3 环为褐色，最后一环为金色，通过对比表 2-6 可以得到该电阻的阻值为 22×10，即 220Ω，误差为±5%。

2. LED

LED 是英文 Light Emitting Diode 的缩写，即通常说的发光二极管，它是二极管的一种，在电子设计中常用作指示灯，或由其点阵组成文字、数字显示。常见的 LED 如图 4-2 所示。

图 4-1　220Ω 电阻　　彩色图

图 4-2　常见的 LED

二极管是一种半导体电子元器件，其最主要的特性就是单向导电性，即正向导通，反向截止，它的正向电阻很小，一般在几欧姆至几百欧姆之间，反向电阻很大，一般在几十千欧姆至几十兆欧姆之间。

当向二极管施加正向电压时，二极管中就有正向电流通过，开始时，电流随电压的变化很慢，而当正向电压增至接近二极管导通电压时（锗管为 0.3V 左右，硅管为 0.7V 左右），电流急剧增加，二极管导通后，电压的变化微小，电流的变化很大。当向二极管施加反向电压时，二极管处于截止状态，当反向电压增至该二极管的击穿电压时，电流猛增，二极管被击穿。二极管伏安特性曲线如图 4-3 所示。

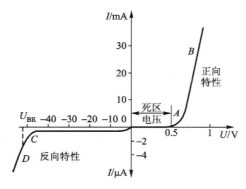

图 4-3　二极管伏安特性曲线

LED 跟普通二极管一样具有单向导电性，但其正向工作电压（开启电压）比普通二极管高，为 1～2.5V，反向击穿电压比普通二极管低，约为 5V。当正向电流达到 1mA 左右时 LED 开始发光，发光强度近似与工作电流成正比；但工作电流达到一定数值时，发光强度逐渐趋于饱和，与工作电流呈非线性关系。一般小型 LED 的正向工作电流为 10～20mA，最大正向工作电流为 30～50mA，因此 LED 正常使用时往往需要在其电路中串联限流电阻，那么这个限流电阻的阻值怎么选择呢？以本项目为例，Arduino 输出为高电平时其输出电压为 5V，LED 的导通压降为 1.5～2.0V，工作电流一般为 10～20mA，若取工作时的导通压降为 1.7V，工作电流为 15mA，则本项目电路中限流电阻的阻值

$$R=(5-1.7)V/0.015A=220\Omega$$

仔细观察图 4-4 中的红色 LED，可以发现：

（1）两引脚长度不同。

（2）LED 的管体内两极一个大、一个小，目的是方便用户分辨 LED 的正、负极，长引脚电极小一些的是正极也叫作阳极，连接电路中的电源端；短引脚电极大一些的是负极也叫

作阴极，连接电路中的地线。

图 4-4　红色 LED　　　　　彩色图

3．硬件电路搭建

　　了解本项目所使用的硬件知识后，就可以开始根据项目需求设计硬件电路了。本项目将使用 Arduino 开发板的 8 号数字引脚控制 LED 闪烁，为此先将 LED 的短引脚即阴极接入 Arduino 开发板的 GND，然后将 LED 的长引脚即阳极连接 220Ω 电阻的一端，最后将电阻的另一端与 Arduino 开发板的 8 号数字引脚相连，注意连接电路时不能带电操作。点亮 LED 电路图如图 4-5 所示。

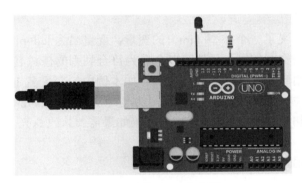

图 4-5　点亮 LED 电路图

4.1.2　代码实现

1．程序代码

打开 Arduino IDE 输入以下代码。

```
int led_pin=8;
void setup()
{
  pinMode(led_pin, OUTPUT);
}
void loop()
{
  digitalWrite(led_pin, HIGH);
  delay(1000);
  digitalWrite(led_pin, LOW);
```

```
    delay(1000);
}
```

将前面已经搭建好的电路中的 Arduino 开发板与计算机相连，先选择"工具"→"开发板"命令，选择对应的 Arduino 开发板；再选择 Arduino IDE 中的"工具"→"端口"命令，选择对应的端口；最后选择"项目"→"上传"命令，等代码上传结束后就可以看到电路中的 LED 以 1s 的时间间隔开始闪烁。

2．仿真结果

扫描二维码可查看仿真结果。

仿真结果

4.1.3 代码解析

对比回顾一下 Arduino IDE 中的 Blink 示例代码，本项目新增了第 1 行代码：

```
int led_pin=8;
```

这一行的作用是定义了一个整型（int）的变量，变量名为 led_pin，并赋值为 8。变量的命名需要符合标识符的命名规则，虽然可以命名为符合规则的任意名字，但命名最好体现出变量的意义，不要使用毫无含义的名称来命名，如本例中的变量名 led_pin 表示该变量是控制 LED 的引脚编号。本例在这里使用变量可以方便地实现修改点亮 LED 的引脚，而不用一条一条地修改程序语句。思考一下 Blink 示例代码如果需要修改点亮 LED 的引脚，那么需要怎么修改呢？

接下来是初始化函数 void setup()：

```
void setup()
{
    pinMode(led_pin, OUTPUT);
}
```

在 void setup()函数中完成初始化配置，这里使用 pinMode(pin, mode)函数将 led_pin 引脚配置为输出模式。pinMode(pin, mode)函数是 Arduino 数字输入/输出操作函数中的引脚模式定义函数，作用是设置数字引脚的工作模式，参数 pin 是所定义的数字引脚编号，参数 mode 可以为 INPUT、OUTPUT 或 INPUT_PULLUP（需要注意大小写），分别表示所定义的数字引脚工作模式为输入模式、输出模式或输入上拉模式。输入模式、输出模式很好理解，即输入模式下 Arduino 可以从该引脚读入外部数字信号，输出模式下 Arduino 可以从该引脚输出数字信号。那么什么是输入上拉模式呢？要理解输入上拉模式，就得明白什么是上拉电阻，在数字电路中，上拉电阻（Pull-up Resistors）是当某输入端口未连接设备或处于高阻态的情况下，将不确定的信号通过一个电阻钳位在高电平，用于保证输入信号为预期的逻辑电平，同时起限流作用。Arduino 复位电路图如图 4-6 所示。

INPUT_PULLUP 模式是通过代码配置的方式调用 Arduino 微控制器输入/输出接口自带

的内部上拉电阻。在使用内部上拉电阻时，应使用 pinMode()函数将引脚设置为输入上拉（INPUT_PULLUP）模式。Arduino Uno 微控制器数字输入/输出引脚电路图如图 4-7 所示。

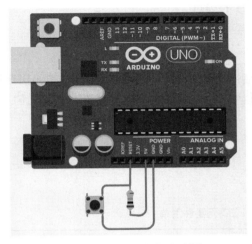

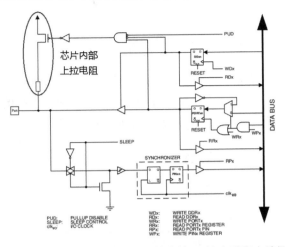

图 4-6　Arduino 复位电路图　　　　图 4-7　Arduino Uno 微控制器数字输入/输出引脚电路图

主循环函数 void loop()：

```
void loop()
{
    digitalWrite(led_pin, HIGH);
    delay(1000);
    digitalWrite(led_pin, LOW);
    delay(1000);
}
```

void loop()函数循环依次执行其内部的代码，对于本项目来说，就是控制 8 号数字引脚周期性的输出高、低电平，因此 void loop()函数内使用的第一条语句为：

```
digitalWrite(led_pin, HIGH);
```

本行程序的作用是写一个 HIGH 值到 led_pin，即 led_pin 输出高电平从而点亮 LED。digitalWrite(pin, value)函数是数字信号输出函数，有两个参数，其中参数 pin 是数字输入/输出引脚编号，参数 value 可以为 HIGH 或 LOW（控制对应引脚输出高、低电平）。void loop()函数内使用的第 2 条语句为：

```
delay(1000);
```

这条语句的功能是告诉 Arduino 在执行下条语句前等待 1000ms。函数 delay(ms)是延时函数，Arduino 执行该函数时微控制器被该函数阻塞不能执行其他任务，参数 ms 的数据类型是 unsigned long，思考 Arduino 使用 delay(ms)函数延时的时间是否有限制。如果有的话，那么是多少呢？

点亮 LED 1s 后，执行 void loop()函数中的第 3 条语句：

```
digitalWrite(led_pin, LOW);
```

再次使用 digitalWrite(pin, value)函数，操作 led_pin 输出低电平熄灭 LED。最后使用：

```
delay(1000);
```

延时 1s，即熄灭 LED 1s。执行完该行程序后，程序又从 void loop()函数的第一句开始循环执行，这样就实现了控制 8 号数字引脚实现 LED 的闪烁。

4.2　按键控制 LED

第 4.1 节介绍了如何配置 Arduino 数字输入/输出引脚，并通过控制数字引脚的输出来控制 LED 的亮灭。本节介绍数字输入/输出引脚的输入功能，通过检测按键状态来控制 LED 的亮灭，把 LED 的亮灭变成人为可控的。

4.2.1　硬件设计

按键控制的 LED 元器件清单如表 4-2 所示。

表 4-2　按键控制的 LED 元器件清单

元　器　件	数　　量	元器件代号
Arduino Uno R3	1	U1
220Ω 电阻	1	R1
10kΩ 电阻	1	R2
红色 LED	1	VD1
轻触按键	1	S1
面包板	1	
杜邦线	若干	

观察元器件清单，会发现本项目增加了两种新的元器件——轻触按键、面包板。

1. 轻触按键

开关是生活中常见的一种电子元器件，常常用来控制各种电子、电器设备的开启和停止。轻触按键又叫作轻触开关，是一种常见的按键开关，仅在按压操作时导通或断开，可作为各种电子、电器设备等操作信号的输入。常见的轻触按键如图 4-8 所示。

图 4-8　常见的轻触按键

　　轻触按键一般是由常开触点、常闭触点构成的，利用金属簧片受力弹动来实现通断。一般根据默认状态触点闭合情况，轻触按键可分为常闭开关（常闭触点默认状态下是接通的）、常开开关（常开触点默认状态下是断开的）、复合开关（有多组触点，常闭、常开均有，默认状态下有的触点接通，有的断开）。

　　常用的轻触按键一般为常开开关，有 4 个引脚。轻触按键引脚图如图 4-9（a）所示，轻触按键原理图如图 4-9（b）所示。当按键没有被按下时，1、2 号引脚相连，3、4 号引脚相连。当按键被按下时，1、2、3、4 号引脚全部接通。

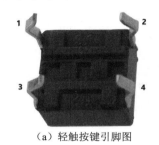

（a）轻触按键引脚图　　　　　　　　　　（b）轻触按键原理图

图 4-9　4 脚轻触按键

2．硬件电路搭建

　　本项目在第 4.1 节的基础上增加了一个轻触按键，以控制 LED 的亮灭，将 LED 的短引脚即阴极接入面包板的负极，将 LED 的长引脚即阳极通过面包板连接到 220Ω 电阻 R1 的一端，将电阻 R1 的另一端与 Arduino 开发板的 8 号数字引脚相连，轻触按键的 1 号引脚与 10kΩ 电阻 R2 的一端及 Arduino 开发板的 7 号数字引脚相连，10kΩ 电阻 R2 的另一端接面包板负极，轻触按键的 2 号引脚接入面包板的正极，将 Arduino 开发板的电源正、负极接入面包板。按键控制的 LED 电路图 1 如图 4-10 所示。

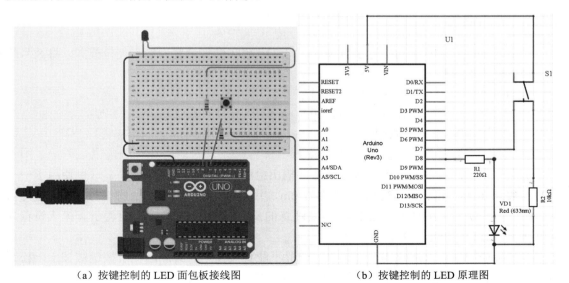

（a）按键控制的 LED 面包板接线图　　　　　　（b）按键控制的 LED 原理图

图 4-10　按键控制的 LED 电路图 1

4.2.2 代码实现

1．程序代码

分析电路原理图，当轻触按键 S1 松开时，7 号数字引脚通过下拉电阻 R2（功能、原理与上拉电阻类似）钳位至低电平；当轻触按键 S1 被按下时，5V 电源通过 S1 加载至 7 号数字引脚，为高电平状态。这样只需要保证 8 号数字引脚输出的电平状态与 7 号数字引脚读入的电平状态相同，就可以实现轻触按键被按下，LED 亮，松开轻触按键，LED 灭的功能，程序代码如下。

```
void setup()
{
  pinMode(7, INPUT_PULLUP);
  pinMode(8, OUTPUT);
}

void loop()
{
  digitalWrite(8, digitalRead(7));
}
```

2．仿真结果

扫描二维码可查看仿真结果。

仿真结果

4.2.3 代码解析

在 void setup()函数中初始化引脚模式，将 7 号数字引脚设置为输入上拉模式，将 8 号数字引脚设置为输出模式。

```
void loop()
{
  digitalWrite(8, digitalRead(7));
}
```

上面这段代码实现循环检测按键状态并输出检测到的按键的电平状态。这里使用了一个新的函数 digitalRead(pin)，它仅有一个参数 pin，用于读取数字信号的引脚编号，返回值为引脚的高低电平状态 HIGH 或者 LOW。需要注意的是，在读引脚之前，需要将引脚模式设置为 INPUT 或 INPUT_PULLUP 模式。

在实际应用中，上述代码存在缺陷，一般不能直接使用，其原因在于按键被按下、松开的过程中，由于机械触点的弹性作用，会有一段接触、未接触的不稳定过程，即按键的抖动，抖动时间的长短由按键的机械特性决定，通常为 5~10ms，此时读取的按键状态是不稳定的，可以用延时读取的方法消除抖动。按键延时消除抖动流程图如图 4-11 所示。

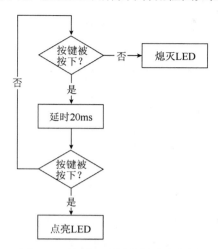

图 4-11　按键延时消除抖动流程图

程序代码如下。

```
void loop()
{
  if (digitalRead(7)) {
    delay(20);
    if (digitalRead(7)) {
      digitalWrite(8, HIGH);
    }
  }
  else {
    digitalWrite(8, LOW);
  }
}
```

这段代码与第 4.1.2 节中顺序执行的代码不同，使用了 if…else 形式的分支结构，判断按键是否被按下，若未被按下，则熄灭 LED；若被按下，则延时 20ms，再次进行判断，若还检测到按键被按下，则点亮 LED。

这里使用了 delay(ms)函数作为消除抖动的延时方法，用法简单，但值得注意的是 delay(ms)函数会阻塞 CPU 运行，不适用于实时性要求比较高的场合。

4.3　"会呼吸"的 LED

渐亮、渐暗交替变化的 LED 在生活中十分常见，如手机来电提示的灯效，好像 LED 有生命，在"呼吸"一样，十分漂亮。本节将介绍通过 Arduino 开发板的 PWM（Pulse Width Modulation）输出功能实现呼吸灯效果。

4.3.1 硬件设计

本节将使用与第 4.1 节类似的硬件电路来演示 LED 的呼吸灯效。"会呼吸"的 LED 元器件清单如表 4-3 所示。

表 4-3 "会呼吸"的 LED 元器件清单

元 器 件	数 量	元器件代号
Arduino Uno R3	1	U1
220Ω 电阻	1	R1
红色 LED	1	VD1
面包板	1	
杜邦线	若干	

在开始之前先思考一个问题，在数字电路中，信号是离散的：不是 0（0V）就是 1（5V 或者 3.3V），有没有办法输出介于 0V 和 5V 之间的某个电压值呢？

答案是肯定的，使用 PWM 技术即可实现。PWM 是脉冲宽度调制的缩写，它通过对一系列脉冲的宽度进行调制，等效出所需要的波形（包含形状及幅值），也就是说通过调节占空比的变化来调节信号、能量等的变化，以达到在数字电路中实现模拟输出的效果。占空比指的是在一个周期内，信号处于高电平的时间占据整个信号周期的百分比。不同占空比的 PWM 等效效果如图 4-12 所示。

回顾前面章节的内容，可以知道 Arduino 开发板中并不是所有的引脚都具有 PWM 输出的能力，而具备 PWM 输出功能的引脚一般在开发板上以"～"线标出。以 Arduino Uno 开发板为例，只有 3、5、6、9、10、11 号引脚才能输出 PWM 信号。所以本项目需要把 LED 连接至其中之一即可，这里选择 9 号引脚。按键控制的 LED 电路图 2 如图 4-13 所示。

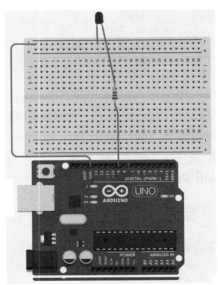

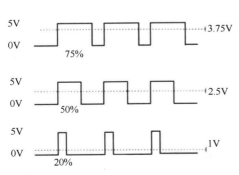

图 4-12 不同占空比的 PWM 等效效果　　　　图 4-13 按键控制的 LED 电路图 2

4.3.2　代码实现

1．程序代码

```
void setup(){

}

void loop(){
   for (int i = 0; i <= 255; ++i) {
      analogWrite(9, i);
      delay(20);
   }
   for (int i = 255; i >= 0; --i) {
      analogWrite(9, i);
      delay(20);
   }
}
```

将上述代码输入 Arduino IDE 中，检查无误后编译下载到电路中，就能观察到 LED 渐亮、渐暗的效果。

2．仿真结果

扫描二维码可查看仿真结果。

仿真结果

4.3.3　代码解析

这里主要介绍一下 void loop()函数中的功能部分。LED 渐亮功能由下述代码实现。

```
   for (int i = 0; i <= 255; ++i) {
      analogWrite(9, i);
      delay(20);
   }
```

这里使用了前面介绍的 for 语句循环结构：

```
   for (int i = 0; i <= 255; ++i) {
      …循环体…
   }
```

int i = 0 是循环初始化，i <= 255 是循环结束条件，++i 是数据递增，思考一下本段共执行几遍循环体。

循环体中第一句：

```
analogWrite(9, i);
```

使用 analogWrite (pin, value)函数输出 PWM 波形，该函数有两个参数，参数 pin 为输出 PWM 的引脚编号，参数 value 为 0～255 的值，表示 PWM 的占空比，当参数 value 为 0 时输出低电平 0V，当参数 value 为 255 时输出高电平 5V。

循环体中第二句：

```
delay(20);
```

这段代码的含义是控制 Arduino 开发板 9 号引脚输出占空比为 0～1（每级递增 1/255）的 PWM 波形，每级占空比的 PWM 输出时间为 20ms。

LED 渐暗功能实现方法类似，也是通过 for 语句循环结构实现，只不过输出的 PWM 占空比从 100%到 0（每级递减间隔 1/255），每级占空比的 PWM 输出时间也为 20ms。

这样在 void loop()函数中通过两个 for 语句循环结构，逐渐改变输出 PWM 的占空比，从而改变 LED 的亮度，实现呼吸灯效果。

此外，观察本例的 void setup()函数部分，发现函数内并无内容，这是因为与 digitalWrite(pin, value) 函数不同，使用 analogWrite(pin, value) 函数前可以不使用 pinMode(pin, mode)函数将引脚配置为输出模式。

4.4 可调光的 LED

4.3 节中的实例通过制作呼吸灯控制 LED 的亮度，本节将介绍如何使用 Arduino 开发板检测电位器的变化，来调节 LED 的亮度。

4.4.1 硬件设计

可调光的 LED 元器件清单如表 4-4 所示。

表 4-4 可调光的 LED 元器件清单

元 器 件	数 量	元器件代号
Arduino Uno R3	1	U1
220Ω 电阻	1	R1
10kΩ 电位器	1	RP1
红色 LED	1	VD1
面包板	1	
杜邦线	若干	

本项目使用了一种新的元器件——电位器，下面就对它进行简单介绍。

电位器一般具有三个引出端，是可变电阻器的一种，可以通过机械调节（如旋转、滑动等）从而按某种变化规律调节其阻值大小。电位器如图 4-14 所示。

电位器通常由电阻体和可移动的电刷组成。当电刷沿电阻体移动时，在输出端可获得与位移量呈一定关系的电阻值，由于它在电路中的作用是获得与输入电压（外加电压）呈一定关系的输出电压，因此称之为电位器。

通过调节电位器可以控制输出电压的变化，这是一种模拟信号，Arduino 开发板中具有模拟信号输入功能的引脚有限，一般在开发板上以字母"A"+"数字"标出，如 A0，A1，

A2，……。以 Arduino Uno 开发板为例，有 6 个模拟信号输入引脚：A0～A5，本项目选择 A5 作为输入引脚。可调光的 LED 电路图如图 4-15 所示。

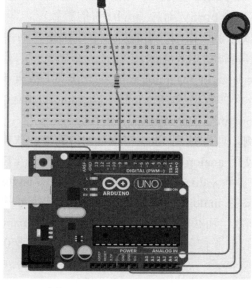

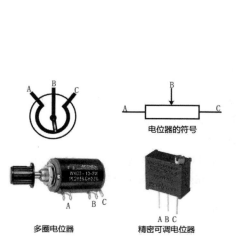

图 4-14　电位器　　　　　　　　图 4-15　可调光的 LED 电路图　　　　彩色图

4.4.2　代码实现

1．程序代码

可调光的 LED 代码实现非常简单，程序代码如下。

```
void setup(){
}
void loop(){
    analogWrite(9, (map(analogRead(A5), 0, 1023, 0, 255)));
}
```

将代码通过 Arduino IDE 上传到电路中，调节电位器就能观察到 LED 亮度的变化。

2．仿真结果

扫描二维码可查看仿真结果。

仿真结果

4.4.3　代码解析

```
analogWrite(9, (map(analogRead(A5), 0, 1023, 0, 255)));
```

这行代码使用了 analogWrite (pin, value)，analogRead(pin)，map(a, in_min, in_max, out_min, out_max) 3 个函数来实现读取电位器的变化，并根据电位器的变化调节 LED 亮度。这里着重介绍后两个函数。

analogRead(pin)函数的作用是读模拟引脚输入的电压信号，返回 0～1023 的数值（当参考电压为 5V 时，0～5V 对应 0～1023 的整数值，即每单位电压为 5V/1023≈0.0049V，参数 pin，为读取模拟电压信号的引脚编号。模拟输入的读取耗时大约为 100μs（0.0001s），所以最大读取速率为每秒 10000 次。

map(a, in_min, in_max, out_min, out_max)函数有 5 个参数，其作用是将第 1 个参数 a，从第 2 个、第 3 个参数构成的一个范围[in_min, in_max]，映射到第 4 个、第 5 个参数构成的另外一个范围[out_min, out_max]。

对于本例，通过使用 analogRead(pin)函数读取模拟引脚输入的电压信号感知电位器旋钮的变化，使用 analogWrite (pin, value)函数实现 LED 亮度调节。但因为 analogWrite (pin, value)函数中参数 value 的有效值为 0～255，而 analogRead(pin)函数的返回值为 0～1023，所以不能直接将 analogRead(pin)函数读取电压信号的返回值作为 analogWrite (pin, value)函数的 value 参数，而必须做一个变换。这里使用 map(a, in_min, in_max, out_min, out_max)函数，将读入的电压信号由区间[0,1023]映射到区间[0,255]，从而实现通过电位器旋钮调节 LED 亮度。

4.5 交通灯

交通灯在日常生活中十分常见，可以将对它的控制理解成对 3 个 LED 的控制，本节将利用 Arduino 实现交通灯控制模型。

4.5.1 硬件设计

交通灯元器件清单如表 4-5 所示。

表4-5　交通灯元器件清单

元　器　件	数　　量	元器件代号
Arduino Uno R3	1	U1
220Ω 电阻	5	R1、R2、R3
红色 LED	1	VD1
黄色 LED	1	VD2
绿色 LED	1	VD3
面包板	1	
杜邦线	若干	

交通灯项目需要接入红、黄、绿 3 个 LED，将每个 LED 的短引脚即阴极分别接入面包板的负极，将 LED 的长引脚即阳极通过面包板分别连接到对应 220Ω 电阻的一端，将对应电阻的另一端通过杜邦线与 Arduino 开发板的 9 号、8 号、7 号数字引脚相连，将 Arduino 开发板的电源正负极接入面包板。交通灯电路图如图 4-16 所示。

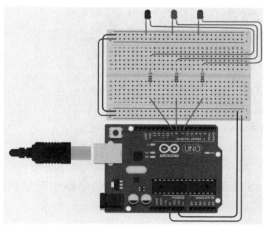

图 4-16　交通灯电路图

彩色图

4.5.2　代码实现

交通灯要控制红、黄、绿 3 个 LED，分为 3 种状态：①红灯状态，红灯亮，同时黄、绿两灯熄灭；②黄灯状态，黄灯亮，同时红、绿两灯熄灭；③绿灯状态，绿灯亮，同时红、黄两灯熄灭。红、绿灯状态切换间，插入黄灯状态。这里假设红灯、绿灯状态时间均为 10s，黄灯状态时间为 3s，回顾第 4.1 节，知道如何控制一个 LED 的亮灭，下面按部就班地实现 3 个 LED 的控制也不是难事，打开 Arduino IDE 输入代码。

1．程序代码

```
int red_pin = 9;
int yellow_pin = 8;
int green_pin = 7;                 // 定义 LED 控制数字引脚编号
void setup()
{
  pinMode(red_pin, OUTPUT);
  pinMode(yellow_pin, OUTPUT);
  pinMode(green_pin, OUTPUT);
}

void loop()
{
  digitalWrite(red_pin, HIGH);
  digitalWrite(yellow_pin, LOW);
  digitalWrite(green_pin, LOW);
  delay(10000);                    // 红灯状态时间为 10s
  digitalWrite(red_pin, LOW);
  digitalWrite(yellow_pin, HIGH);
  digitalWrite(green_pin, LOW);
  delay(3000);                     // 黄灯状态时间为 3s
```

```
    digitalWrite(red_pin, LOW);
    digitalWrite(yellow_pin, LOW);
    digitalWrite(green_pin, HIGH);
    delay(10000);                        // 绿灯状态时间为 10s
    digitalWrite(red_pin, LOW);
    digitalWrite(yellow_pin, HIGH);
    digitalWrite(green_pin, LOW);
    delay(3000);                         // 黄灯状态时间为 3s
}
```

将代码烧录至 Arduino 开发板，就可以在搭建的电路中观察到交通灯的运行情况。

2. 仿真结果

扫描二维码可查看仿真结果。

仿真结果

4.5.3　代码解析

上面这段代码与第 4.1 节大同小异，相信不需要太多说明都能看得懂，即点亮一个 LED 的同时关闭另外两个 LED，并保持一段时间，相关代码反复编写了 4 次，十分烦琐。在第 3 章中学习了函数的相关知识，知道函数的本质是一段可以重复使用的代码，是不是可以用函数来优化本项目重复的代码呢？答案是肯定的，可以用函数将"点亮一个 LED 的同时关闭另外两个 LED，并持续一段时间"这个功能封装起来，重复使用，以达到简化代码的目的，程序代码如下。

```
int red_pin = 9;
int yellow_pin = 8;
int green_pin = 7;                       // 定义 LED 控制数字引脚编号
void setup()
{
    pinMode(red_pin, OUTPUT);
    pinMode(yellow_pin, OUTPUT);
    pinMode(green_pin, OUTPUT);
}
void loop()
{
    trafficLight(1,0,0,10000);           // 红灯状态时间为 10s
    trafficLight(0,1,0,3000);            // 黄灯状态时间为 3s
    trafficLight(0,0,1,10000);           // 绿灯状态时间为 10s
    trafficLight(0,1,0,3000);            // 黄灯状态时间为 3s
}
// 定义函数，实现点亮一个 LED 的同时关闭另外两个 LED，并持续一段时间
```

```
void trafficLight(boolean red_state,boolean yellow_state,boolean green_state,unsigned long delay_time)
{
    digitalWrite(red_pin, red_state);
    digitalWrite(yellow_pin, yellow_state);
    digitalWrite(green_pin, green_state);
    delay(delay_time); }
```

对比使用函数的代码和之前的代码，void setup()函数初始化部分并没有区别，主要的区别在 loop()函数部分，即在 loop()函数中调用了 4 次自定义的 void trafficLight(boolean red_state, boolean yellow_state, boolean green_state, unsigned long delay_time)函数来替代之前重复的代码，整体看起来简洁了许多。知道在函数调用前，需要先定义函数，下面分析一下这里的自定义函数 void trafficLight()。

```
void trafficLight(boolean red_state, boolean yellow_state, boolean green_state, unsigned long delay_time)
```

根据"点亮一个 LED 的同时关闭另外两个 LED，并持续一段时间"的功能需求，自定义函数 void trafficLightt(boolean red_state, boolean yellow_state, boolean green_state, unsigned long delay_time)。void 表明本函数没有返回值，trafficLight 是自定义的函数名，调用时告诉系统调用的是哪个函数，(boolean red_state, boolean yellow_state, boolean green_state, unsigned long delay_time)为函数形式参数表，本例根据功能需要传入 4 个参数，依次是红灯、黄灯、绿灯的亮灭状态 red_state、yellow_state、green_state 及状态持续时间 delay_time，boolean、unsigned long 表明参数的数据类型，可根据实际使用需要设定。

```
{
    digitalWrite(red_pin, red_state);        // 红灯状态，1 为亮，0 为灭
    digitalWrite(yellow_pin, yellow_state);  // 黄灯状态，1 为亮，0 为灭
    digitalWrite(green_pin, green_state);    // 绿灯状态，1 为亮，0 为灭
    delay(delay_time);

}
```

上面这段内容为自定义函数的函数体，实现具体的功能，比较简单，即根据传入的参数设置相应灯的亮灭状态，并设置持续的时间。

函数定义完成后，就可以对函数进行调用了，观察 void loop()函数中调用的代码：

```
void loop()
{
    trafficLight(1, 0, 0, 10000);    // 状态(1, 0, 0)，红灯亮，持续 10s
    trafficLight(0, 1, 0, 3000);     // 状态(0, 1, 0)，黄灯亮，持续 3s
    trafficLight(0, 0, 1, 10000);    // 状态(0, 0, 1)，绿灯亮，持续 10s
    trafficLight(0, 1, 0, 3000);     // 状态(0, 1, 0)，黄灯亮，持续 3s

}
```

可以看到函数调用还是非常简单的，即函数名(具体参数)，如 trafficLight(1, 0, 0, 10000)表示保持红灯亮、黄灯和绿灯灭的状态 10s，实际参数表中的参数可以是常数、变量或其他构造类型的数据及表达式，各实际参数之间用逗号分隔。通过函数调用传入实际参数，就可以完成函数设定的具体功能。

4.6　交互式交通灯

第 4.5 节介绍了如何使用 Arduino 交通灯控制模型，本节将在此基础上根据实际应用做一些拓展，增加一套行人灯和一个行人过街请求按钮。当车道绿灯时，如果请求按钮被按下，那么 Arduino 将改变交通灯的状态，车道灯先切换成黄灯，清空车道，然后车道红灯亮，使汽车停下来，人行横道绿灯亮允许行人安全通过。

4.6.1　硬件设计

交互式交通灯元器件清单如表 4-6 所示。

表 4-6　交互式交通灯元器件清单

元　器　件	数　　量	元器件代号
Arduino Uno R3	1	U1
220Ω 电阻	5	R1、R2、R3、R4、R5
10kΩ 电阻	1	R6
红色 LED	1	VD1、VD4
黄色 LED	1	VD2
绿色 LED	1	VD3、VD5
请求按钮	1	S1
面包板	1	
杜邦线	若干	

本项目的硬件电路与第 4.5 节中基本一致，新增人行横道红、绿灯，并将红、绿灯的阳极通过限流电阻与 Arduino 开发板的 0、1 号数字引脚相连，阴极接地，轻触按键接法参考第 4.2 节，接入 Arduino 开发板的 2 号数字引脚，交互式交通灯电路图 4-17 所示。

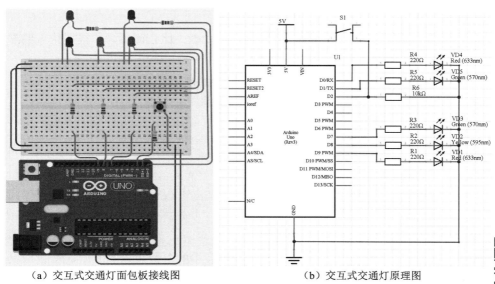

（a）交互式交通灯面包板接线图　　　　（b）交互式交通灯原理图

图 4-17　交互式交通灯电路图

彩色图

4.6.2　代码实现

交互式交通灯的控制与交通灯类似，只不过增加了一组人行横道红、绿灯，以及行人过街请求按钮。当无行人过街请求时，车道交通灯正常变化与第 4.5 节一致，同时人行横道红、绿灯跟随车道红、绿灯同步变化，即车道红灯亮时，人行横道红灯灭、绿灯亮；车道红灯灭时，人行横道红灯亮、绿灯灭。行人过街请求按钮仅当车道为绿灯时响应，响应后车道灯先切换成黄灯，清空车道，然后车道灯切换成红灯，此时人行横道相应的绿灯亮。这里主要需要考虑的是怎么响应行人过街请求，提前结束车道绿灯状态，通过第 3.2.5 节介绍的 break 语句就可以实现。

1. 程序代码

```
// 定义 LED 控制引脚编号，车道红灯连接 9 号引脚，车道黄灯连接 8 号引脚，车道绿灯连接 7 号引脚
unsigned char cred_pin = 9;
unsigned char cyellow_pin = 8;
unsigned char cgreen_pin = 7;
// 人行横道红灯连接 0 号引脚，人行横道绿灯连接 1 号引脚
unsigned char pred_pin = 0;
unsigned char pgreen_pin = 1;
// 行人过街请求按钮连接 2 号引脚
unsigned char BUTTON = 2;
void setup()
{
  pinMode(cred_pin, OUTPUT);
  pinMode(cyellow_pin, OUTPUT);
  pinMode(cgreen_pin, OUTPUT);
  pinMode(pred_pin, OUTPUT);
  pinMode(pgreen_pin, OUTPUT);
pinMode(BUTTON, INPUT);
}
void loop()
{
  trafficLight(1, 0, 0, 10);    // 车道红灯亮，持续 10s
  trafficLight(0, 1, 0, 3);     // 车道黄灯亮，持续 3s
  trafficLight(0, 0, 1, 10);    // 车道绿灯亮，持续 10s
  trafficLight(0, 1, 0, 3);     // 车道黄灯亮，持续 3s
}

// 定义按键检测函数
unsigned char buttonDetct()
{
  if (digitalRead(BUTTON)) {
    delay(20);
    if (digitalRead(BUTTON)) {
      return 1;
    }
    else {
```

```
            return 0;
        }
    }
    else
        delay(20);
    return 0;
}

// 定义函数，实现根据车道交通灯状态，以 1Hz 的频率刷新交通灯显示，并检测行人过街请求按钮
void trafficLight(boolean cred_s, boolean cyellow_s, boolean cgreen_s, unsigned long delay_time)
{
    for (int i = 0; i < delay_time; ++i) {
        digitalWrite(cred_pin, cred_s);
        digitalWrite(cyellow_pin, cyellow_s);
        digitalWrite(cgreen_pin, cgreen_s);
        digitalWrite(pred_pin, !cred_s);
        digitalWrite(pgreen_pin, cred_s);
        delay(980);
        if (buttonDetct() and (cgreen_s))break;
    }
}
```

2．仿真结果

扫描二维码可查看仿真结果。

仿真结果

4.6.3 代码解析

第 4.6.2 节中的代码和第 4.5 节中使用函数优化后的代码类似，主要区别在于自定义函数部分，下面逐一分析。按键检测函数流程图如图 4-18 所示。

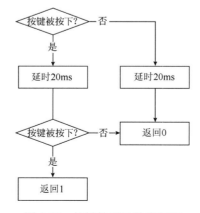

图 4-18 按键检测函数流程图

```
unsigned char buttonDetct()
{
  if (digitalRead(BUTTON)) {
    delay(20);
    if (digitalRead(BUTTON)) {
      return 1;
    }
    else {
      return 0;
    }
  }
  else
    delay(20);
    return 0;
}
```

自定义按键检测函数部分比较简单，调用后检测按键是否被按下，若被按下则延时 20ms 后，再次检测，若再次检测被按下则返回 1，若未被按下则返回 0。第 1 次检测按键未被按下，延时 20ms 后也返回 0，这样做的目的是调用按键检测函数后，不管第 1 次是否检测到按键被按下，都保证调用时间基本一致为消除抖动时间 20ms，方便后期处理。

```
void trafficLight(boolean cred_s, boolean cyellow_s, boolean cgreen_s, unsigned long delay_time)
{
  for (int i = 0; i < delay_time; ++i) {
    digitalWrite(cred_pin, cred_s);
    digitalWrite(cyellow_pin, cyellow_s);
    digitalWrite(cgreen_pin, cgreen_s);
    digitalWrite(pred_pin, !cred_s);
    digitalWrite(pgreen_pin, cred_s);
    delay(980);
    if (buttonDetct() and (cgreen_s))break;
  }
}
```

自定义交通灯状态刷新函数部分与第 4.5 节该部分函数有所区别，这是因为第 4.5 节该部分函数中使用 delay()函数延时来控制交通灯状态时间，知道 delay()函数会阻塞 CPU 运行，导致无法实现响应行人过街请求，提前结束车道绿灯状态的功能。这里采用了 for 循环结构，以大约 1s 为周期（循环体内 delay(980);延时 980ms，加上按键检测函数调用时间大约 20ms）刷新交通灯的状态，并检测行人过街请求，循环次数为函数参数 unsigned long delay_time 传入的控制交通灯状态时间，使用条件语句 if 进行判断，当检测到行人过街请求按钮被有效按下，且为车道绿灯时，使用 break 语句提前退出循环，结束车道绿灯状态。

将代码烧录至 Arduino 开发板，使用搭建好的硬件电路测试，基本可以实现预期的目标，但还存在一定问题：有时候车道绿灯时，明明按下了行人过街请求按钮，但并未实现交通灯切换，这是什么原因呢？仔细观察交通灯刷新及按键检测部分，发现按键检测只在特定的时间进行，即刷新 1s 周期的第 980ms 以后才检测，不能实时响应。怎么样可以实现实时响应呢？这里需要采用外部中断的办法。

中断（Interrupt）是一种 CPU 事件处理机制。当 CPU 执行正常程序时，遇见随机出现的某些急需处理的异常情况和特殊请求时，CPU 会暂时停止运行当前程序任务，转去对随机发生的更为紧迫的事件进行处理，处理完毕后，CPU 自动返回并继续执行原来暂停的程序任务，此过程就称为中断。一个完整的中断处理过程包括中断请求、中断响应、中断处理和中断返回。中断过程如图 4-19 所示。

中断请求：中断源向 CPU 发出中断请求信号，其信号应该至少保持到 CPU 做出响应为止。

中断响应：CPU 检测到中断请求后，在一定的条件和情况下进行响应。

中断处理：CPU 响应中断结束后，返回原先被中断的程序并继续执行。

中断返回：把运行程序从中断服务程序转回到被中断的主程序中。

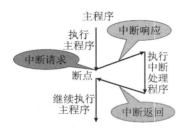

图 4-19 中断过程

Arduino 中主要有时钟中断和外部中断，本节使用的中断指的是外部中断。Arduino 中的外部中断通常是由数字输入/输出引脚电平或电平改变触发的，对大部分 Arduino 开发板来说，并不是所有数字输入/输出引脚都能触发中断，常见 Arduino 开发板的外部中断及引脚编号如表 4-7 所示。

表 4-7 常见 Arduino 开发板的外部中断及引脚编号

Arduino 开发板型号	中 断 号					
	int.0	int.1	int.2	int.3	int.4	int.5
Uno, Nano, Mini（基于 ATmega328 的 Arduino 开发板）	2	3				
Mega, Mega2560, MegaADK	2	3	21	20	19	18
Micro, Leonardo（基于 ATmega32u4 的 Arduino 开发板）	3	2	0	1	7	
Due	所有数字输入/输出引脚					

下面看看采用外部中断的方式检测行人过街请求按钮如何实现互动式交通灯，程序代码如下。

```
// 定义 LED 控制引脚编号，车道红灯连接 9 号引脚，车道黄灯连接 8 号引脚，车道绿灯连接 7 号引脚
const unsigned char cred_pin = 9;
const unsigned char cyellow_pin = 8;
```

```
const unsigned char cgreen_pin = 7;
// 人行横道红灯连接 0 号引脚，人行横道绿灯连接 1 号引脚
const unsigned char pred_pin = 0;
const unsigned char pgreen_pin = 1;
// 行人过街请求按钮引脚编号
const unsigned char BUTTON = 2;
volatile unsigned char button_switch = 0;        // 按钮响应标志
volatile unsigned long b_time = 0;               // 上次按下时刻
void setup()
{
    pinMode(cred_pin, OUTPUT);
    pinMode(cyellow_pin, OUTPUT);
    pinMode(cgreen_pin, OUTPUT);
    pinMode(pred_pin, OUTPUT);
    pinMode(pgreen_pin, OUTPUT);
    pinMode(BUTTON, INPUT);
    attachInterrupt(digitalPinToInterrupt(BUTTON), buttonDetct, RISING);
}
void loop()
{
    trafficLight(1, 0, 0, 10);   // 车道红灯亮，持续 10s
    trafficLight(0, 1, 0, 3);    // 车道黄灯亮，持续 3s
    trafficLight(0, 0, 1, 10);   // 车道绿灯亮，持续 10s
    trafficLight(0, 1, 0, 3);    // 车道黄灯亮，持续 3s
}

// 定义按键中断响应函数
void buttonDetct()
{
    if (millis() - b_time >= 20) {
        button_switch = 1;
    }
    else{
        button_switch = 0;
    }
    b_time = millis();
}

// 定义函数，根据车道交通灯状态及按钮状态，以 1Hz 的频率刷新交通灯显示
void trafficLight(boolean cred_s, boolean cyellow_s, boolean cgreen_s, unsigned long delay_time)
{
    for (int i = 0; i < delay_time; ++i) {
        digitalWrite(cred_pin, cred_s);
```

```
        digitalWrite(cyellow_pin, cyellow_s);
        digitalWrite(cgreen_pin, cgreen_s);
        digitalWrite(pred_pin, !cred_s);
        digitalWrite(pgreen_pin, cred_s);
        delay(1000);
        if (button_switch) {
            button_switch = 0;
            if (cgreen_s)break;
        }
    }
}
```

下面通过分析本代码了解 Arduino 开发板外部中断的使用。

变量定义部分：

```
const unsigned char cred_pin = 9;
…
volatile unsigned long b_time = 0;
```

在 setup()函数中，引脚模式配置与之前的区别不大，只有一句不同：

```
attachInterrupt(digitalPinToInterrupt(BUTTON), buttonDetct, RISING);
```

这句话的含义是注册使用外部中断引脚 2（外部中断 0），采用上升沿触发方式，触发时调用函数 buttonDetct。这里使用了两个新的 Arduino 函数：attachInterrupt(interrupt_num, function, mode) 和 digitalPinToInterrupt(pin)。其中，attachInterrupt(interrupt_num, function, mode)函数的作用是注册使用外部中断，它有 3 个参数，interrupt_num 为注册使用的外部中断号；function 是中断发生时调用的函数，即中断处理程序；mode 为中断触发条件，有 5 个可选值（LOW、HIGH、CHANGE、RISING、FALLING，它们分别表示低电平触发、高电平触发、电平变化触发、上升沿触发、下降沿触发）。digitalPinToInterrupt(pin)函数的作用是取得引脚 pin 的外部中断号，参数 pin 为需要获取的引脚编号。Arduino 官方推荐使用 attachInterrupt(digitalPinToInterrupt(pin), function, mode) 方式注册使用中断。

值得注意的是，由于中断会打断正常代码的运行，因此，中断处理程序 function 应注意以下几点。

① 中断处理程序 function 不能有任何参数，也不应该返回任何内容。

② 应尽可能短，且快速地执行完毕。

③ 通常使用全局变量，用于在中断处理程序 function 和主程序之间传递数据。

④ 在中断处理程序 function 中修改的全局变量需要用 volatile 修饰符修饰以防止编译器优化。

⑤ 中断处理程序 function 中不能正常使用其他用中断实现的函数。例如，delay()函数需要中断才能工作，因此如果在中断处理程序中调用，那么它将不工作；millis()函数依赖中断来计数，因此如果在中断处理程序中调用，那么它将永远不会递增。

通过电路分析可知，当行人过街请求按钮被按下，pin2 引脚电平将由低电平上升至高电平（上升沿）触发中断，中断响应执行中断处理程序 buttonDetct()。按键中断处理程序流程图如图 4-20 所示。

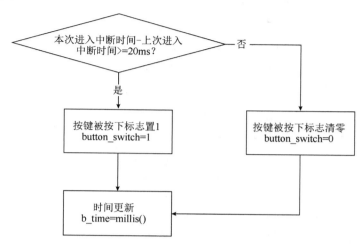

图 4-20　按键中断处理程序流程图

```
void buttonDetct()
{
    if (millis() - b_time >= 20) {
        button_switch = 1;
    }
    else{
        button_switch = 0;
    }
    b_time = millis();
}
```

该程序比较简单，因为 delay()函数在中断处理程序中无法工作，这里使用 millis()函数记录进入中断时系统的运行时间，通过判断两次进入中断的时间间隔是否大于或等于 20ms 对按键进行消除抖动操作。

自定义交通灯状态刷新函数 void trafficLight(boolean cred_s, boolean cyellow_s, boolean cgreen_s, unsigned long delay_time)与第 4.6.2 节中的相关代码区别不大，不一样的是函数内部的按钮检测部分。只要函数刷新检测到按键被按下标志位为 1，就需要先将按键标志位清零，再判断交通灯状态，决定是否提前结束车道绿灯状态。

```
for (int i = 0; i < delay_time; ++i) {
    …
    if (button_switch) {
        button_switch = 0;
        if (cgreen_s)break;
    }
}
```

将上述代码烧录至 Arduino 开发板中运行，可以发现按键可以实时响应，灵敏得多了。

4.7 LED 数码管的使用

LED 数码管简称数码管，是一种常见的用来显示数字和部分字母的元器件，在生产、生活中随处可见，如站台的时间显示、赛场的分数显示、热水器的温度显示等。本节将介绍如何使用 Arduino 驱动 8 段 LED 数码管显示相应的内容。

4.7.1 硬件设计

LED 数码管元器件清单如表 4-8 所示。

表 4-8 LED 数码管元器件清单

元 器 件	数 量	电路代号
Arduino Uno R3	1	U1
220Ω 电阻	8	R1～R8
共阴极 8 段 LED 数码管	1	VD1
面包板	1	
杜邦线	若干	

图 4-21 LED 数码管

LED 数码管可分为 7 段 LED 数码管和 8 段 LED 数码管，其基本单元为 LED。7 段 LED 数码管通常由 7 段 LED 封装在一起组成 "8" 字形状，8 段 LED 数码管比 7 段 LED 数码管多一个用于显示小数点的 LED 单元 DP。LED 数码管的每一段都是一个独立的 LED，通过控制相应段 LED 的亮灭使其组成相应数字、字母形状来显示数字、字母。LED 数码管如图 4-21 所示。

LED 数码管根据公共极（COM 端）的不同又可分为共阳极 LED 数码管和共阴极 LED 数码管。共阳极 LED 数码管的正极（或阳极）为 7（7 段管）或 8（8 段管）个 LED 的共有正极，其他 7 个或 8 个接点为独立 LED 的负极（或阴极），使用时只需要把 LED 数码管公共正极接电源正极，不同的负极输入控制电平，电平为低时对应的二极管亮，为高时灭，这样就能控制 LED 数码管显示不同的数字、字母。共阴极 LED 数码管与共阳极 LED 数码管类似，只是使用方法刚好相反而已。LED 数码管接线图如图 4-22 所示。

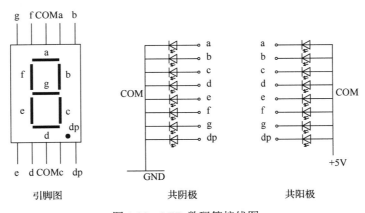

图 4-22 LED 数码管接线图

本项目选择使用共阴极 8 段 LED 数码管，电路十分简单，LED 数码管公共极（阴极）接地，LED 数码管的 a，b，c，d，e，f，g，dp 引脚分别通过 220Ω 限流电阻接入 Arduino 开发板的 2，3，5，6，7，9，8，4 号引脚。LED 数码管的使用如图 4-23 所示。

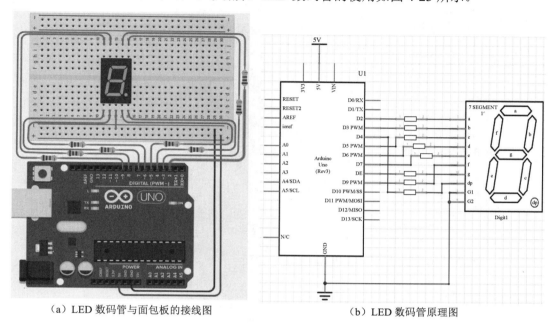

（a）LED 数码管与面包板的接线图 　　　　　（b）LED 数码管原理图

图 4-23　LED 数码管的使用

4.7.2　代码实现

8 段 LED 数码管显示数字、字母的控制十分简单，只要控制相应的 LED 或亮、或灭即可实现。对于本例来说，即 Arduino 开发板相应引脚输出高电平对应 LED 数码管显示段亮，输出低电平对应 LED 数码管显示段灭。以下代码作为 LED 数码管使用演示，显示 0～F 及小数点，显示间隔时间为 1s。

1．程序代码

```
int pin[8] = {2, 3, 5, 6, 7, 9, 8, 4};
unsigned char show_table[18][8] = {
    {0, 0, 0, 0, 0, 0, 0, 0},
    {1, 1, 1, 1, 1, 1, 0, 0},
    {0, 1, 1, 0, 0, 0, 0, 0},
    {1, 1, 0, 1, 1, 0, 1, 0},
    {1, 1, 1, 1, 0, 0, 1, 0},
    {0, 1, 1, 0, 0, 1, 1, 0},
    {1, 0, 1, 1, 0, 1, 1, 0},
    {1, 0, 1, 1, 1, 1, 1, 0},
    {1, 1, 1, 0, 0, 0, 0, 0},
    {1, 1, 1, 1, 1, 1, 1, 0},
    {1, 1, 1, 1, 0, 1, 1, 0},
```

```
        {1, 1, 1, 0, 1, 1, 1, 0},
        {0, 0, 1, 1, 1, 1, 1, 0},
        {1, 0, 0, 1, 1, 1, 0, 0},
        {0, 1, 1, 1, 1, 0, 1, 0},
        {1, 0, 0, 1, 1, 1, 1, 0},
        {1, 0, 0, 0, 1, 1, 1, 0},
        {0, 0, 0, 0, 0, 0, 0, 1},
    };
    void setup() {
        for (int i = 0; i < 8; ++i){
            pinMode(pin[i], OUTPUT);
            digitalWrite(pin[i], 0);
        }
    }
    void loop() {
        for(int i = 0; i < 18; ++i){
            for(int j = 0; j < 8; ++j){
                digitalWrite(pin[j], show_table[i][j]);
            }
            delay(1000);
        }
    }
```

2. 仿真结果

扫描二维码可查看仿真结果。

仿真结果

4.7.3 代码解析

```
int pin[8] = {2, 3, 5, 6, 7, 9, 8, 4};
```

代码的第 1 句，定义并初始化了一个整型数组变量 pin[8]，按对应顺序保存 Arduino 控制 LED 数码管的 a，b，c，d，e，f，g，dp 显示段的引脚编号。数组（Array）是有序的元素序列，是一系列相同类型的数据的集合，可以是一维的、二维的、多维的，最常用的是一维数组和二维数组，而多维数组较少用到。数组所包含的每一个数据称为数组元素（Element），所包含的数据的个数称为数组长度（Length）。

数组的定义格式：元素类型 数组名[元素个数]，如 int pin[8] = {2, 3, 5, 6, 7, 9, 8, 4}就定义并初始化了一个一维整型数组，长度是 8。

数组中的每个元素都有一个索引,这个索引从 0 开始,而不是熟悉的 1,称为下标(Index)。使用数组元素时，指明下标即可。例如，pin[0]和 pin[3]分别访问的是数组 pin[]中的第 0 个和第 3 个元素，为 2 和 6。

```
unsigned char show_table[18][8] = {
    {0, 0, 0, 0, 0, 0, 0, 0},
    ...
    {0, 0, 0, 0, 0, 0, 0, 1},
};
```

这段定义并初始化了一个 18×8 的二维无符号字符型数组，保存 LED 数码管显示 18 种字符状态所对应引脚的控制电平。LED 数码管字形代码表如表 4-9 所示。

表 4-9　LED 数码管字形代码表

| 显示字符 | 段符号（共阴极接法） | | | | | | | | 十六进制数 | |
| | 低　位 | | | | 高　位 | | | | | |
	a	b	c	d	e	f	g	dp	共　阴　极	共　阳　极
灭	0	0	0	0	0	0	0	0	00	FF
0	1	1	1	1	1	1	0	0	3F	C0
1	0	1	1	0	0	0	0	0	06	F9
2	1	1	0	1	1	0	1	0	5B	A4
3	1	1	1	1	0	0	1	0	4F	B0
4	0	1	1	0	0	1	1	0	66	99
5	1	0	1	1	0	1	1	0	6D	92
6	1	0	1	1	1	1	1	0	7D	82
7	1	1	1	0	0	0	0	0	07	F8
8	1	1	1	1	1	1	1	0	7F	80
9	1	1	1	1	0	1	1	0	6F	90
A	1	1	1	0	1	1	1	0	77	88
B	0	0	1	1	1	1	1	0	7C	83
C	1	0	0	1	1	1	0	0	39	C6
D	0	1	1	1	1	0	1	0	5E	A1
E	1	0	0	1	1	1	1	0	79	86
F	1	0	0	0	1	1	1	0	71	8E
.	0	0	0	0	0	0	0	1	80	7F

二维数组可以看成一个特殊的一维数组，它以数组作为数组元素，可以表示数学中的行列矩阵，如 a[m][n]。与一维数组类似，元素的访问通过下标进行，如 show_table[1][7]，表示访问的元素是数组 show_table[][]中第 1 行第 7 列中的元素 0，show_table[17][7]，访问的元素是数组 show_table[][]中第 17 行第 7 列中的元素 1。

```
void setup() {
    for (int i = 0; i < 8; ++i){
        pinMode(pin[i], OUTPUT);
        digitalWrite(pin[i],0);
    }
}
```

这段代码使用 for 循环结构，通过数组下标依次调用 pin[]数组元素，配置相应引脚为输出模式，并输出 0，将 LED 数码管完全熄灭不显示。

```
void loop() {
    for(int i = 0; i < 18; ++i){
        for(int j = 0; j < 8; ++j){
            digitalWrite(pin[j],show_table[i][j]);
        }
        delay(1000);
    }
}
```

这段代码使用两层 for 循环嵌套结构，外循环：

```
for(int i = 0; i < 18; ++i){
...
}
```

通过数组下标依次调用二维数组 show_table[][]中的行元素，显示对应字符并持续 1s，内循环：

```
for(int j = 0; j < 8; ++j){
        digitalWrite(pin[j],show_table[i][j]);
    }
```

对应行元素显示字符，通过下标依次调用二维数组 show_table[][]中的列元素（字符显示控制电平），并根据列元素设置对应的 LED 数码管显示段的亮灭，实现字符显示。

4.8 本章函数小结

本章新用到的 Arduino 函数如下。

1）digitalRead()

功能：读取指定引脚的值，HIGH（高电平）或 LOW（低电平）。

形式：digitalRead(pin)。

参数：

pin 表示需要读取数字信号的引脚编号。

返回值：返回引脚的高、低电平 HIGH、LOW。

例如：

```
digitalRead(7);   // 读取 7 号引脚的数字信号，返回信号高、低电平
```

2）analogWrite ()

功能：从指定引脚输出 PWM 信号（模拟值）。

形式：analogWrite (pin, value)。

参数：

pin 表示用于输出 PWM 信号的引脚编号。

value 表示占空比，0～255 的整数，0 表示完全关闭，255 表示完全打开。

返回值：无。

例如：

```
analogWrite(9,127);          // 9 号引脚输出占空比约为 50%的 PWM 信号
```

3）analogRead()

功能：从指定模拟引脚读取模拟信号值。

形式：analogRead(pin)。

参数：

pin 表示读取模拟信号的引脚编号。

返回值：0～1023 的数值。

例如：

```
analogRead(A5);          // 读取 A5 号引脚的模拟信号，并返回 0～1023 的相应数值
```

4）digitalPinToInterrupt(pin)

功能：取得引脚 pin 的外部中断号。

形式：digitalPinToInterrupt(pin)。

参数：

pin 表示取得外部中断的引脚编号。

返回值：若该引脚支持外部中断则返回相应中断号，若不支持外部中断则返回-1。

例如：

```
digitalPinToInterrupt(2);     // 以 Arduino Uno 开发板为例，返回外部中断引脚 2 的外部中断号 0
```

5）attachInterrupt()

功能：注册使用外部中断。

形式：attachInterrupt(interrupt_num, function, mode)。

参数：

interrupt_num 表示外部中断号。

function 表示中断发生时调用的函数，即中断处理程序。

mode 表示中断触发条件，其有 5 个可选值。LOW 表示当中断号所在引脚 pin 为低电平时触发；CHANGE 表示当中断号所在引脚 pin 电平改变（高变低，低变高）时触发；RISING 表示当中断号所在引脚 pin 从低电平变为高电平（上升沿）时触发；FALLING 表示当中断号所在引脚 pin 从高电平变为低电平（下降沿）时触发；HIGH 表示当中断号所在引脚 pin 为高电平时触发。

返回值：无。

例如：

```
attachInterrupt(0, function, RISING);     // 以 Arduino Uno 开发板为例，注册使用外部中断 0（外部中断引脚 2），采用上升沿触发，触发时调用的函数 function（注：不推荐使用）
attachInterrupt(digitalPinToInterrupt(2), function, RISING);     // 以 Arduino Uno 开发板为例，注册使用外部中断引脚 2（外部中断 0），采用上升沿触发，触发时调用的函数 function（注：推荐使用）
```

6）millis()

功能：用于获取 Arduino 开发板开始运行当前程序的时间。

形式：millis()。

参数：无。

返回值：返回 Arduino 开发板开始运行当前程序的毫秒数，该数大约 50 天后溢出、回零。

例如：

```
millis();                    // 返回运行到当前程序的毫秒数
```

7）map()

功能：将一个数从一个范围等比例映射到另一个范围。

形式：map(a, in_min, in_max, out_min, out_max)。

参数：

a 表示需要映射的数值。

in_min 表示当前范围值的下限。

in_max 表示当前范围值的上限。

out_min 表示目标范围值的下限。

out_max 表示目标范围值的上限。

返回值：映射后的值。

例如：

```
map(512, 0, 1023, 0, 255);   // 将 512 由区间[0,1023]映射到区间[0, 255]，返回映射后的值 127
```

练习

1．点亮 LED 为什么要串联电阻？阻值如何选取？

2．什么是 PWM？

3．什么是中断？

4．什么是 LED 数码管？根据公共端的不同分为哪两种？

5．使用 6 个 LED，依次每隔 1s 顺序点亮，观察现象。

6．组装一个 8×8 的 LED 点阵，显示一个喜欢的汉字，观察现象。

第5章 Arduino 常见传感器应用

传感器（Transducer/Sensor）是一种检测装置，它是一种能把特定的信息（如光、温度、湿度、磁场、距离、力等）按一定规律转换成某种可用信号（一般为电信号）并输出的元器件或装置，通常由敏感元器件和转换元器件组成。常见的传感器一般根据其基本感知功能分为光敏元器件、声敏元器件、热敏元器件、气敏元器件、力敏元器件、磁敏元器件、湿敏元器件、放射线敏感元器件、色敏元器件和味敏元器件等。

开发者可以通过灵活使用各种类型的传感器来赋予 Arduino 媲美人类甚至超越人类视觉、听觉、触觉、味觉、嗅觉的能力，使其慢慢"活起来"，以实现自动检测、自动控制功能。

本章通过几个小项目介绍一些常见的传感器，并展示如何通过使用传感器来让 Arduino "感知"世界。

5.1 光控灯与光敏电阻

光控灯广泛用于路灯照明，与以往的普通路灯相比，光控灯可以根据环境光线条件自动调整照明强度，且不需要在换季时调整开关时间，具有灵活、节能的特点。

下面使用光敏电阻、Arduino 开发板搭建一个光控灯模型，学习光敏电阻、三极管的相关知识。

5.1.1 硬件设计

光控灯元器件清单如表 5-1 所示。

表 5-1 光控灯元器件清单

元 器 件	数 量	元器件代号
Arduino Uno R3	1	U1
光敏电阻器	1	LDR1
1kΩ 电阻	1	R1
2.2kΩ 电阻	1	R2
10kΩ 电阻	1	R3
NPN 三极管	1	VT1
灯泡	1	L1
杜邦线	若干	

本项目使用两种新的元器件——光敏电阻和三极管，下面简单介绍这两种元器件的基本知识。

1. 光敏电阻

在介绍光敏电阻前，首先需要了解光敏传感器。光敏传感器是最常见、应用范围最广泛的传感器之一，在自动控制和非电量检测技术中占有非常重要的地位。它的种类繁多，主要有光敏电阻、光敏二极管、光敏三极管、红外传感器、紫外传感器、颜色传感器、CCD 和 CMOS 图像传感器等，其中最简单的光敏传感器就是光敏电阻。

光敏电阻是用硫化镉或硒化镉等半导体材料制成的一种常见半导体元器件，其工作原理基于内光电效应。光敏电阻对光线十分敏感，光照越强，阻值就越低，在无光照时，呈高阻状态，暗电阻值一般可达 1.5MΩ，随着光照强度的升高，电阻值迅速降低，亮电阻值可低至 1kΩ 以下，一般用于光的测量、光的控制和光电转换（将光的变化转换为电的变化），在本例中用来感应外界光照环境条件。光敏电阻如图 5-1 所示。

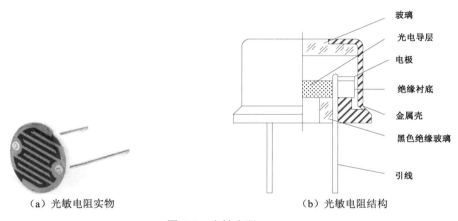

（a）光敏电阻实物　　　　　　　　　　（b）光敏电阻结构

图 5-1　光敏电阻

2. 三极管

通过 Arduino 参数可知，Arduino 单个引脚的输出电流一般为 40mA，无法驱动功率较大的元器件，而一般的电灯功率从几瓦到几千瓦都有，远超 Arduino 的控制范围。这种情况下，就需要通过使用一种新的元器件——三极管来实现较大功率元器件的驱动。

三极管的全称为半导体三极管，也称晶体三极管、双极型晶体管，是半导体基本元器件之一，具有电流放大作用，其作用是把微弱的电信号放大成幅值较大的电信号，也用作无触点开关，是电子电路的核心元器件。常见三极管如图 5-2 所示。

图 5-2　常见三极管

三极管是在一块半导体基片上制作两个相距很近的 PN 结，两个 PN 结把整块半导体分成三部分,中间部分是基极 b,两侧部分分别是发射极 e 和集电极 c,有 NPN 和 PNP 两种类型。三极管电路符号如图 5-3 所示。

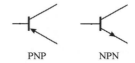

PNP　　　　　NPN

图 5-3　三极管电路符号

三极管有截止、放大、饱和三种工作状态。放大状态的实质是三极管以基极电流微小的变化来控制集电极电流较大的变化,主要应用于模拟电路中。对于数字电路来说,主要使用的是三极管的开关特性,即只用到了截止与饱和两种工作状态。

3.硬件电路搭建

了解本项目所使用的硬件知识后,就可以开始根据项目需求设计硬件电路了。首先,光敏电阻一端接地,另一端与普通电阻串联后接 5V 电源,这样根据串联分压的方法,通过模拟引脚 A5 读取分压值,就可以知道外界的光照条件。然后再使用 Arduino 开发板的 9 号数字引脚驱动三极管,控制灯泡的亮度。光控灯电路图如图 5-4 所示。

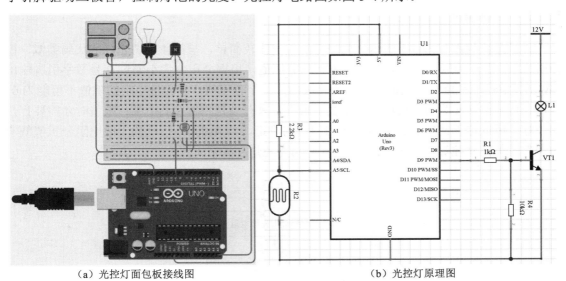

(a)光控灯面包板接线图　　　　　　　　(b)光控灯原理图

图 5-4　光控灯电路图

5.1.2　代码实现

1.程序代码

打开 Arduino IDE 输入以下代码。

```
int sensor_value = 0;
int brightness = 0;
void setup(){
}
```

```
void loop(){
    sensor_value = analogRead(A5);
    if (sensor_value<220)
        brightness = 0;
    else
        brightness = map(analogRead(A5), 220, 1023, 50, 255);
    analogWrite(9, brightness);
}
```

将代码通过 Arduino IDE 上传到搭建的电路中，遮挡光敏电阻，灯泡变亮；无遮挡下，灯泡亮度变暗。

2．仿真结果

扫描二维码可查看仿真结果。

仿真结果

5.1.3 代码解析

光控灯流程图如图 5-5 所示。光控灯的代码比较简单，与第 4 章调光灯的代码类似，模拟引脚 A5 循环读取光敏电阻与普通电阻的分压值，根据分压值大小通过 9 号数字引脚输出 PWM 调节灯泡亮度。不同的是，因为读取的是一个分压值，且光敏电阻的阻值不可能为 0，所以分压值必然不为 0，且从实用角度上来讲，只有当光照条件低于某一限值时才需要打开光控灯，所以这里使用 if 语句进行光照门槛的设定，当 Arduino 读取的光敏电阻分压值低于"220"时关闭光控灯，高于"220"时才开启光控灯并调节光照。

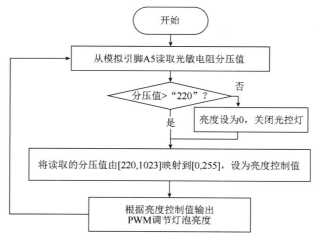

图 5-5 光控灯流程图

程序代码如下。

```
if (sensor_value<220)
```

```
        brightness = 0;
    else
        brightness = map(analogRead(A5), 220, 1023, 50, 255);
...
```

5.2　简单的颜色识别与灰度传感器

通过第 5.1 节的学习可知，使用光敏电阻可以让 Arduino 分辨出自然界的光照强度，但自然界中不只有明、暗亮度的变化，还存在各种各样的色彩，下面将通过一个小项目介绍使用灰度传感器如何来实现简单的颜色识别，学习一些灰度传感器及 Arduino 串行通信的相关知识。

5.2.1　硬件设计

灰度传感器识别颜色元器件清单如表 5-2 所示。

表 5-2　灰度传感器识别颜色元器件清单

元 器 件	数 量	元器件代号
Arduino Uno R3	1	U1
灰度传感器	1	U2
杜邦线	若干	

本项目只使用了 3 种元器件，硬件电路比较简单，这 3 种元器件中的灰度传感器是本项目检测识别颜色的关键，下面进行简单介绍。

1．灰度传感器

常见灰度传感器如图 5-6 所示。灰度传感器大体上有两种，一种是光敏电阻型灰度传感器，见图 5-6（a），另一种是红外对管型灰度传感器，见图 5-6（b）。

（a）光敏电阻型灰度传感器　　　　　　　　（b）红外对管型灰度传感器

图 5-6　常见灰度传感器

光敏电阻型灰度传感器主要由一个白光发光二极管及一个光敏电阻构成，而红外对管型灰度传感器主要由红外对管构成，即红外发射管（相当于光敏电阻型灰度传感器中的白光发光二极管）和红外接收管（相当于光敏电阻型灰度传感器中的光敏电阻）。这两种灰度传感器的原理类似：白光发光二极管（红外发射管）发射一定强度的光，利用不同颜色的被检测面对发出光的反射程度不同，光敏电阻（红外接收管）通过检测被测面反射光的光强，即可进行简单的颜色识别。

灰度传感器的接口一般有 3 个引脚，分别为 G（GND，接地）、V（VCC，接电源）、S（Signal，模拟信号输出）；带数字接口的灰度传感器有 4 个引脚，分别为 G（GND，接地）、V（VCC，接电源）、A（Analog，模拟信号输出）、D（Digital，数字信号输出，为高、低电平，可通过传感器上的可调电阻进行调节校准）。

2．硬件电路搭建

本项目使用的元器件较少，电路比较简单，灰度传感器接口 G 接地，V 接电源，A 接 Arduino 的 A5 脚。简单的颜色识别电路图如图 5-7 所示。

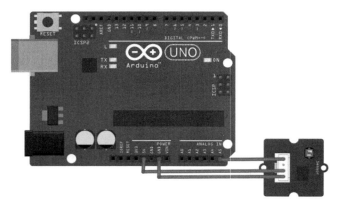

图 5-7　简单的颜色识别电路图

5.2.2　代码实现

1．程序代码

打开 Arduino IDE 输入以下代码。

```
int sensor_value = 0;
void setup(){
Serial.begin(9600);
}

void loop(){
    sensor_value = analogRead(A5);
    Serial.print(sensor_value);
    delay(500);
}
```

将搭建好的电路中的 Arduino 开发板与计算机相连，上传代码后，选择 Arduino IDE 中的"工具"→"串口监视器"命令，将灰度传感器放置于需要检测颜色正上方的 3mm～4cm 距离处，即可从串口监视器中读出当前颜色的值，注意需要固定检测距离，如果检测距离发生改变，即使使用同一被测颜色，那么该值也会发生变化。

2．仿真结果

扫描二维码可查看仿真结果。

仿真结果

5.2.3　代码解析

本例代码与第 5.1 节非常相似，区别在于本例使用 Arduino 的串行通信，以实现颜色值的输出。

在解析代码前对串行通信的相关知识做简要介绍。

串行通信有别于并行通信，并行通信一次可以发送/接收多位（bit）数据，而串行通信像串珠子一样将数据一位一位依次传输。Arduino 支持多种串行通信接口，主要有 UART/USART、IIC、SPI 等。其中 UART/ USART 即通常所说的"串口"，最为简单常用，Arduino 内置了串口使用的相关函数，可以方便地通过串口与其他设备进行通信。并行通信与串行通信如图 5-8 所示。

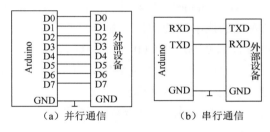

图 5-8　并行通信与串行通信

图 5-8（b）所示为串行通信，也是 Arduino 开发板串行通信的经典示意，一般来说，Arduino 的串口包含两个引脚，其中 TX（TXD）为发送引脚对外发送数据，RX（RXD）为接收引脚接收外部数据。需要注意的是，Arduino 和外部设备使用串行通信时，Arduino 的 TX（TXD）引脚与外部设备的 RX（RXD）端相连，RX（RXD）引脚与外部设备的 TX（TXD）端相连，这样才能正常收发数据。

使用串行通信时，需要掌握以下几个串行通信重要参数的概念。

1．波特率

波特率表示每秒钟传输的二进制位数，是衡量数据传输速率的指标。常用波特率有 4800bit/s、9600bit/s、19200bit/s、38400bit/s、115200bit/s 等。

2．数据位

数据位即通信中实际数据所占的位数。发送一个信息包，实际的数据不一定会是 8 位的，标准的值为 5、6、7 和 8 位，如标准的 ASCII 码是 0～127（7 位），扩展的 ASCII 码是 0～255（8 位）。

3. 停止位

停止位用于表示单个包的最后一位。典型的值为 1、1.5 和 2 位。停止位不仅表示传输的结束，并且提供校正时钟同步的机会。

4. 奇偶校验

奇偶校验是一种简单的检错方式，设置校验位（数据位后面的一位），确保传输的数据有奇数个或偶数个 1。串行通信数据格式如图 5-9 所示。

图 5-9　串行通信数据格式

了解上述几个概念后，再来回顾本例代码：

```
void setup(){
Serial.begin(9600);
}
```

上面这段代码，在 void setup() 函数中调用了 Arduino 内置串行配置函数 Serial.begin(speed, config) 实现默认串口的初始化配置。该函数有两个参数，其中参数 speed 定义串口传输的波特率数值，如 9600、19200 等。参数 config 定义串口传输的通信格式，如 8N1（默认）、8N2、8E1、8O1，其中第 1 位数字 8 表示的是数据位的位数，第 2 位字母可以为 N、E、O，分别表示无校验位、偶校验、奇校验，第 3 位数字 1 或 2 表示的是停止位的位数。本例设置默认串口波特率为 9600bit/s，通信格式使用默认的 8N1（数据位为 8 位，无校验位，1 个停止位）。

需要注意的是，以上强调默认串口是因为对于某些 Arduino 开发板型号串口不只有一个，一般来说当程序语句使用"Serial"时，使用的是默认的串口，如果使用的 Arduino 开发板有多个串口，那么想使用其他串口怎么办呢？可以在"Serial"后加编号"1、2、3"来实现，例 Serial1.begin(9600) 就是对串口 1 进行配置。常见 Arduino 开发板串口资源如表 5-3 所示。编程时可对照使用。

表 5-3　常见 Arduino 开发板串口资源

型　　号	Serial	Serial1	Serial2	Serial3
Uno, Nano, Mini	0(RX), 1(TX)			
Mega2560, Due	0(RX), 1(TX)	19(RX), 18(TX)	17(RX), 16(TX)	15(RX), 14(TX)
Leonardo, Micro, Yún		0(RX), 1(TX)		

```
void loop(){
    sensor_value = analogRead(A5);
    Serial.print(sensor_value);
    delay(500);
}
```

　　该段程序实现将模拟端口 A5 读取的值使用默认串口发送出去，这样可以使用 Arduino IDE 自带的串口监视器功能，方便地观察所测值。

　　Serial.print(val, format)为串口输出函数，该函数的功能是以指定格式从串口输出数据，返回输出的字节数。函数有两个参数，其中参数 val 为需要输出的值，支持任何类型的数据，参数 format 为指定输出数据的格式，默认为 ASCII 编码方式，还可以为 BIN（二进制）、OCT（八进制）、DEC（十进制）、HEX（十六进制）编码。串口指定编码方式与实际输出形式对照如表 5-4 所示。

表 5-4　串口指定编码方式与实际输出形式对照

编码方式	输出形式
Serial.print(78)	串口以 ASCII 码形式输出 "7" 和 "8"
Serial.print(78, BIN)	串口以二进制编码方式输出 "1001110"
Serial.print(78, OCT)	串口以八进制编码方式输出 "116"
Serial.print(78, DEC)	串口以十进制编码方式输出 "78"
Serial.print(78, HEX)	串口以十六进制编码方式输出 "4E"

　　灰度传感器检测颜色，实际上测试的是该颜色反射光的亮度，即反映的是该颜色的"深浅"程度，且受外界环境影响较大，在实际中仅能作为简单的颜色识别应用，如机器人寻迹等。

5.3　距离检测与红外测距传感器

　　物体距离的检测是测量工作中最基本的任务之一，在日常生活中十分常见，如各种物体尺寸的测量、各种类型的间距测量等，都可以用到距离检测。本节将介绍 Arduino 如何驱动红外测距传感器以实现物体距离的检测，学习一些红外测距传感器及 Arduino 串口输出的相关知识。

5.3.1　硬件设计

　　红外测距传感器测量物体距离元器件清单如表 5-5 所示。

表 5-5　红外测距传感器测量物体距离元器件清单

元 器 件	数　　量	元器件代号
Arduino Uno R3	1	U1
红外测距传感器	1	U2
杜邦线	若干	

　　本项目的硬件电路比较简单，项目中红外测距传感器是物体距离检测的关键，下面简单介绍一下红外测距传感器的工作原理与硬件参数。

1．红外测距传感器

　　红外线是波长介于微波与可见光之间的电磁波，波长为 1mm～760nm，它是频率比红光低的不可见光。高于绝对零度（-273.15℃）的物质都可以产生红外线，具有传播时不扩散、折射率小的特性。红外测距就是根据红外线从发射模块发出到被物体反射回来被接收模块接收所需要的时间，采用相应的测距公式来实现对物体距离的测量。

红外测距传感器具有一对红外信号发射与接收二极管，发射管发射特定频率的红外信号，接收管接收这种频率的红外信号，当红外信号的检测方向遇到障碍物时，红外信号反射回来被接收管接收，经过处理之后即可得到被测物体的距离信息。

本例使用的红外测距传感器为夏普公司的 GP2Y0A02YK0F 红外测距传感器。它由 PSD（位置灵敏探测器）、IRED（红外发射二极管）及信号处理电路三部分组成，采用三角测量方法，被测物体的材质、环境温度及测量时间都不会影响传感器的测量精度。传感器输出对应所测距离的模拟电压信号，通过测量该信号的幅值就可以得出所探测物体的距离，这款传感器常用于距离测量、避障等场合。GP2Y0A02YK0F 红外测距传感器如图 5-10 所示。

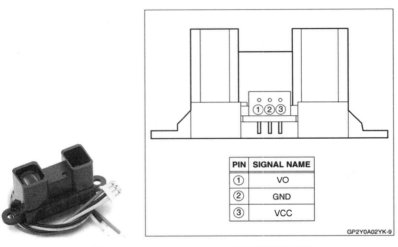

图 5-10 GP2Y0A02YK0F 红外测距传感器

GP2Y0A02YK0F 红外测距传感器的技术参数如表 5-6 所示。

表 5-6 GP2Y0A02YK0F 红外测距传感器的技术参数

参 数 项	参 数 值
输出类型	模拟电压输出
探测距离	20～150cm
工作电压	DC4.5～5.5V
标准电流消耗	30 mA

GP2Y0A02YK0F 红外测距传感器输出模拟电压的幅值与距离的对应关系如图 5-11 所示。

2. 硬件电路搭建

本项目电路比较简单，GP2Y0A02YK0F 红外测距传感器的引脚 1，即 VO 接 Arduino 的引脚 A5，引脚 2（GND）、引脚 3（VCC）分别与 Arduino 开发板上的 GND、5V 相连。红外测距电路图如图 5-12 所示。

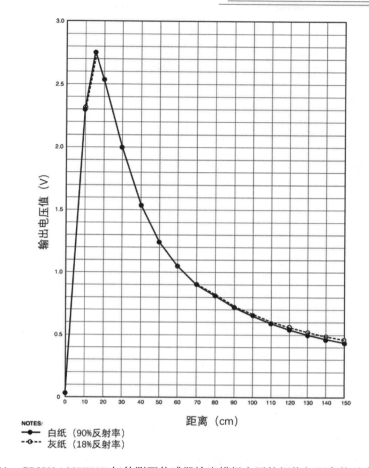

图 5-11　GP2Y0A02YK0F 红外测距传感器输出模拟电压的幅值与距离的对应关系

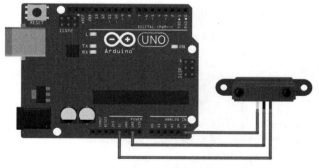

图 5-12　红外测距电路图

5.3.2　代码实现

通过对红外测距传感器硬件参数的学习可知，GP2Y0A02YK0F 红外测距传感器输出的是与距离呈非线性关系的模拟电压幅值，如图 5-11 所示。本项目要输出距离值，首先需要测得距离传感器输出的模拟电压是多少，然后通过这个电压值来计算距离。因为电压与距离的关系是非线性的，不能直接由电压得出距离，所以采用多项式拟合曲线的方法，得到电压/距离计算公式（相关数学原理，这里不展开讨论），由该公式计算即可得出实际被测距离。

本例中使用 CurveFitter 软件进行多项式非线性曲线拟合，考虑到准确性及计算复杂程度，本例采用 3 阶多项式拟合。红外测距电压–距离公式拟合过程如图 5-13 所示。

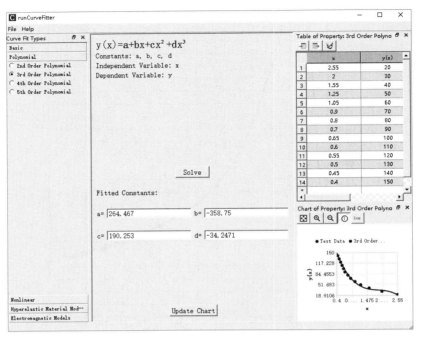

图 5-13　红外测距电压–距离公式拟合过程

可以得出本例采用的电压与距离计算公式：$y=264.467-358.75x+190.253x^2-34.2471x^3$，程序代码如下。

```
float v_convert=0.0;
void setup() {
    Serial.begin(9600);
    v_convert=5.0/1023.0;
}
void loop() {
    float sensor_volt = analogRead(A5)*v_convert;
    float distance=264.467-358.75*sensor_volt+190.253*pow(sensor_volt, 2)
    -34.2471*pow(sensor_volt, 3);
    Serial.print(distance);
    Serial.println("cm");
    delay(100);
}
```

搭建好电路，并将 Arduino 开发板与计算机相连，上传代码后，选择 Arduino IDE 中的"工具"→"串口监视器"命令，将红外测距传感器对准被测物体，即可从串口监视器中读出被测物体的距离值。

5.3.3　代码解析

```
float v_convert=0.0;
void setup() {
    Serial.begin(9600);
    v_convert=5.0/1023.0;                    // 参考电压为 5V 时每一单位数值所代表的电压值
}
```

这段代码先定义一个全局浮点型变量 v_convert，然后在 void setup()初始化部分中配置串口，并计算模拟输入引脚采样每单位数值所代表的电压值。

```
void loop() {
    float sensor_volt = analogRead(A5)*v_convert;   // 传感器采样值转换为电压值
    float distance= 264.467-358.75*sensor_volt+190.253*pow(sensor_volt, 2)
    -34.2471*pow(sensor_volt, 3);            // 多项式非线性拟合
    Serial.print(distance);                  // 输出距离值，单位为 cm
    Serial.println("cm");                    // 输出距离单位 "cm"，并换行
    delay(100);
}
```

本段代码首先将模拟引脚 A5 读取的传感器输出，转换为实际电压值，然后通过计算公式计算距离，并将距离值从串口输出。多项式拟合计算中使用了函数 pow(base, exponent)，该函数是指数函数，返回参数 base 为底，参数 exponent 为幂的值。从串口输出数据使用了两种函数，分别是第 5.2 节中介绍过的 Serial.print()函数和新用到的 Serial.println()函数。Serial.println(val, format)函数与 Serial.print(val, format)函数十分相似，两者同样具有两个参数，且参数的含义相同，这两个函数都可用于串口的数据输出，唯一的区别是 Serial.println(val, format)函数在输出数据的结尾自动加上换行符，即使用 Serial.print(val, format)函数输出数据不换行，而 Serial.println(val, format)函数输出数据会换行。

5.4　距离检测与超声测距传感器

红外测距传感器的使用比较简单方便，但其工作原理决定了其存在一些无法避免的缺点。例如，受光照影响较大、检测距离有限、对于近似黑体的物体不敏感等。本节将介绍一种可以克服上述缺点的新型距离检测传感器——超声测距传感器，并驱动其实现物体距离测量，学习一些超声测距传感器及 Arduino 脉冲测量的相关知识。

5.4.1　硬件设计

超声测距传感器测量物体距离元器件清单如表 5-7 所示。

表 5-7　超声测距传感器测量物体距离元器件清单

元　器　件	数　　量	元器件代号
Arduino Uno R3	1	U1
超声测距传感器	1	U2
杜邦线	若干	

与红外测距项目相比，本项目仅将红外测距传感器换成了超声测距传感器，下面就对它进行简单介绍。

1．超声测距传感器

超声波具有频率高、沿直线传播、方向性好、绕射小、穿透力强、传播速度慢（与声速相同）等特点。超声波对固体和液体的穿透能力强，尤其对于在阳光下不透明的固体，可以穿透几十米的深度。超声波遇到杂质或分界面时会产生反射波，利用这一特性可构成测距传感器。超声波测距采用时间差测距法，超声波发射器向某一方向发射超声波，在发射的同时开始计时，超声波经媒质（空气）传播，途中碰到障碍物产生反射，超声波接收器收到反射波，立即停止计时，测出超声脉冲从发射到接收所需的时间，根据媒质中的声速（声波在空气中的传播速度约为340m/s），即可求得从探头到物体表面之间的距离。设探头到物体表面的距离为 L，超声在空气中的传播速度为 v，从发射到接收所需的传播时间为 t，则有：$L=v×t/2$。超声波测距原理示意图如图 5-14 所示。

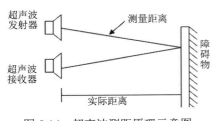

图 5-14　超声波测距原理示意图

HC-SR04 超声测距模块如图 5-15 所示。该模块测量距离精确，能和 SRF05、SRF02 等超声波测距传感器相媲美，测量范围为 2～450cm。HC-SR04 超声测距模块工作流程：①采用 I/O 触发测距，给模块 Trig 引脚施加至少 10μs 的高电平信号，触发 HC-SR04 模块测距功能；②触发后，模块会自动发送 8 个 40kHz 的超声波脉冲，并自动检测是否有信号返回，这一步会由模块内部自动完成；③若有信号返回，则模块 Echo 引脚会输出高电平，且高电平持续的时间就是超声波从发射到返回的时间，通过测量此高电平持续时间，并计算即可得到所测距离。HC-SR04 超声测距时序如图 5-16 所示。

图 5-15　HC-SR04 超声测距模块　　　图 5-16　HC-SR04 超声测距时序

HC-SR04 超声测距传感器技术参数如表 5-8 所示。

表 5-8　HC-SR04 超声测距传感器技术参数

参　数　项	参　数　值
工作电压	DC 5V
工作电流	15mA
工作频率	40kHz
最远射程	450cm
最近射程	2cm

续表

参　数　项	参　数　值
测量角度	15°
输入触发信号	10μs 的 TTL 脉冲
输出回响信号	输出 TTL 电平信号（与距离成比例）

2．硬件电路搭建

HC-SR04 超声测距传感器的 VCC、GND 引脚分别与 Arduino 开发板上的 5V、GND 引脚相连，Trig 引脚、Echo 引脚分别与 Arduino 开发板上的 3、2 号数字引脚相连。HC-SR04 超声测距传感器电路图如图 5-17 所示。

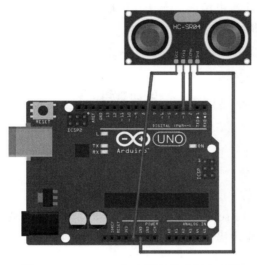

图 5-17　HC-SR04 超声测距传感器电路图

5.4.2　代码实现

根据 $L=v×t/2$，声音在空气中的传播速度为 343m/s（标准大气压下，环境温度为 20℃），则 $L=343(m/s)×t/2$，Arduino 开发板读取返回高电平的时间单位为 μs，将式中单位换算一下，即 $L=0.0343(cm/μs)×t/2=0.01715×t(cm)$。

1．程序代码

```
const int    trig=3;
const int    echo=2;
float getdistance() {
    digitalWrite(trig, LOW);
    delayMicroseconds(2);
    digitalWrite(trig, HIGH);
    delayMicroseconds(10);
    digitalWrite(trig, LOW);
    float distance = pulseIn(echo, HIGH)*0.01715;
    return distance;
```

```
}
void setup(){
    Serial.begin(9600);
    pinMode(trig, OUTPUT);
    pinMode(echo, INPUT);
}
void loop(){
    Serial.println(getdistance());
    delay(1000);
}
```

将 Arduino 开发板与计算机相连，上传代码后，将超声测距传感器对准被测物体，即可通过串口监视器读出被测物体的距离值。

2. 仿真结果

扫描二维码可查看仿真结果。

仿真结果

5.4.3 代码解析

本项目代码中通过 void setup()函数实现传感器控制、接收端口初始化及串口初始化工作，通过 void loop()函数实现串口输出检测距离，两种函数都比较简单，测距功能主要由自定义函数的以下代码实现。

```
const int    trig=3;
const int    echo=2;
float getdistance() {
    digitalWrite(trig, LOW);
    delayMicroseconds(2);
    digitalWrite(trig, HIGH);
    delayMicroseconds(10);
    digitalWrite(trig, LOW);
    float distance = pulseIn(echo, HIGH)*0.01715;
    return distance;
}
```

本段代码先定义了两个变量并指定 Arduino 开发板与传感器相连的引脚编号，然后自定义函数 getdistance()，该函数实现 Arduino 开发板发出触发信号控制测距模块开始测距工作，接收测距模块返回的高电平，并根据测量该高电平所持续的时间计算距离。HC-SR04 模块对触发控制信号持续时间要求为 10μs 以上，使用之前学过的 delay(ms)函数并不合适，这里使用 delayMicroseconds(μs)函数实现控制引脚输出电平延时，delayMicroseconds(μs)函数的功能与 delay(ms)函数类似，只不过延时的时间单位为 μs。使用 pulseIn(pin, value, timeout)函数实现测量传感器返回高电平的持续时间，该函数的功能是检测指定引脚的脉冲信号，被读取的脉冲信号可以是 HIGH 或 LOW，如果检测到 HIGH 脉冲信号，那么 Arduino 将在引脚变为高电平时开始计时，当引脚变为低电平时停止计时，并返回脉冲持续时长（时间单位：μs）。如果在超时时间内没有读到脉冲信号的话，那么将返回 0。该函数有 3 个参数，参数 pin 为指定检测脉冲引脚编号；参数 value 为指定检测脉冲电平，可以是 HIGH 或 LOW，分别表示检测高电平、低电平；参数 timeout 为指定检测超时时间（单位：μs），当省略时检测超时时间为 1s。pulseIn()函数可检测的脉冲间隔时间范围是 10μs～3min，另外需要注意的是只有 Arduino 的中断开启时，才能使用。

5.5　酒精检测报警器与 MQ-3 酒精浓度传感器

世界上 50%～60%的交通事故与酒后驾车有关，本项目将制作一个用于机动车驾驶人员及其他严禁酒后作业人员的现场酒精检测报警器。通过本节的学习，将了解 Arduino 开发板如何驱动使用 MQ-3 酒精浓度传感器模块检测酒精和驱动无源蜂鸣器。

5.5.1　硬件设计

酒精检测报警器元器件清单如表 5-9 所示。

表 5-9　酒精检测报警器元器件清单

元　器　件	数　量	元器件代号
Arduino Uno R3	1	U1
MQ-3 酒精浓度传感器模块	1	U2
无源蜂鸣器	1	U3
杜邦线	若干	

MQ-3 酒精浓度传感器模块是酒精检测报警器检测的核心，下面就对它进行简单介绍。

1．MQ-3 酒精浓度传感器模块

与气体接触时电导率会发生变化的半导体称为气敏半导体，利用半导体气敏元器件作为敏感元器件可以制作各种各样的气体传感器，广泛应用于家庭和工厂的各种气体检测装置中，适用于甲烷、液化气、氢气、酒精气体等的检测。

MQ-3 气体传感器属于表面电阻控制型酒精气体浓度气敏传感器，所使用的气敏材料是在清洁空气中电导率较低、活性很高的金属氧化物半导体二氧化锡（SnO_2）。当半导体的表面在高温下遇到离解能力较小（易失去电子）的还原性气体时，气体分子中的电子将向 MQ-3 气敏电阻表面转移，使气敏电阻中的自由电子浓度增加，电阻率降低，电阻减小，即当传感器所处环境中存在酒精蒸气时，传感器的电导率随空气中酒精气体浓度的增加而增大。使用简单的电路即可将电导率的变化转换为与该气体浓度相对应的输出信号。MQ-3 气体传感器对酒精的灵敏度高、电路简单、使用方便、所需费用低、稳定性好，可以抵抗汽油、烟雾、水蒸气等的干扰，因此得到广泛应用。

MQ-3 酒精浓度传感器模块如图 5-18 所示。该模块主要是由比较器 LM393、MQ-3 气体

传感器、可调电阻等零件制成的集成模块，具有 DO 数字信号输出（TTL 电平，低电平有效，使用前需要通过可调电阻调节感应酒精浓度）和 AO 模拟信号输出（0～5V），使用更为方便。在正常环境中，即没有被测气体（酒精）的环境，设定传感器输出电压值为参考电压，这时，AO 模拟信号输出的电压在 1V 左右，当传感器检测到被测气体时，气体的浓度每增加 20ppm（简单说，1ppm=1mg/kg=1mg/L，常用来表示气体或者溶液浓度），电压升高 0.1V，可将测得的模拟量电压值转换为浓度值。传感器通电后，需要预热 20s 左右，测量的数据才稳定，传感器发热属于正常现象。

图 5-18　MQ-3 酒精浓度传感器模块

MQ-3 酒精浓度传感器模块主要技术参数如表 5-10 所示。

表 5-10　MQ-3 酒精浓度传感器模块主要技术参数

参　数　项	参　数　值
工作电压	DC 5V
元器件功耗	≤0.9W
探测范围	10～1000ppm 酒精
响应时间	≤10s
恢复时间	≤30s

2. 无源蜂鸣器

蜂鸣器（Buzzer）是一类常见的电声元器件，具有结构简单、紧凑、体积小、质量小、成本低等优点，发声范围一般由数百赫兹到十几千赫兹，广泛应用于计算机、打印机、复印机、报警器、电子玩具、汽车电子设备、电话机、定时器等电子产品中作为其发声元器件。按其驱动方式的原理分，可分为有源蜂鸣器（内含驱动线路，也称自激式蜂鸣器）和无源蜂鸣器（外部驱动，也称他激式蜂鸣器）。有源蜂鸣器，其内部已经包含了一个多谐振荡器，只要在两端施加额定直流电压即可发声；无源蜂鸣器，内部没有振荡器，需要在其两端施加特定频率的方波电压才能发声。无源蜂鸣器如图 5-19 所示。

图 5-19　无源蜂鸣器

3．硬件电路搭建

MQ-3 酒精浓度传感器模块的 VCC、GND 引脚分别与 Arduino 开发板上的 5V、GND 引脚相连，AO 引脚与 Arduino 开发板上的 A5 模拟引脚相连。无源蜂鸣器的一个引脚与 Arduino 开发板上 GND 引脚相连，另一个引脚与 Arduino 板上的 2 号数字引脚相连。酒精检测报警器电路图如图 5-20 所示。

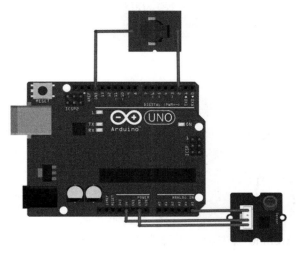

图 5-20　酒精检测报警器电路图

5.5.2　代码实现

1．程序代码

打开 Arduino IDE 输入以下代码。

```
const int    buzzer = 2;
const int    mq3 = 19;
void setup()
{
    pinMode(buzzer, OUTPUT);
    Serial.begin(9600);
}
void loop()
{
    while (analogRead(mq3) > 420) {
        tone(buzzer, 800);
        Serial.println(analogRead(mq3));
    }
    noTone(buzzer);
    Serial.println(analogRead(mq3));
}
```

将代码烧录至 Arduino 开发板，通电预热 20s 后，先将 MQ-3 酒精浓度传感器模块置于酒精环境中，无源蜂鸣器报警，再将其置于无酒精环境一段时间（需要超过传感器恢复时间）后，无源蜂鸣器停止报警。

2. 仿真结果

扫描二维码可查看仿真结果。

仿真结果

5.5.3　代码解析

```
const int    buzzer = 2;
const int    mq3 = 19;
void setup()
{
  pinMode(buzzer, OUTPUT);
  Serial.begin(9600);
}
```

这段代码先定义 Arduino 开发板与无源蜂鸣器、MQ-3 酒精浓度传感器模块的引脚编号（对于 Arduino Uno 开发板来说 A5 引脚即 19 号数字引脚），然后初始化引脚及串口。

```
void loop()
{
  while (analogRead(mq3) > 420) {
    tone(buzzer, 800);
    Serial.println(analogRead(mq3));
  }
    noTone(buzzer);
  Serial.println(analogRead(mq3));
}
```

上面这段代码中使用 while 循环语句进行 MQ-3 酒精浓度传感器模块模拟值读取，当大于 420（感应到酒精浓度大约为 200mg/L）时无源蜂鸣器持续报警，串口输出所读取的传感器值，当小于报警值时，退出循环，停止报警，串口输出所读取的传感器值。

驱动无源蜂鸣器报警使用的函数是 tone(pin, frequency, duration)函数，该函数用来产生指定频率且占空比为 50%的方波，具有 3 个参数。pin，输出方波的引脚编号，int 型；frequency，方波频率，单位为 Hz，unsigned int 型；duration，持续时间，单位为 ms，unsigned long 型（可以省略）。

使用 tone()函数时需要注意以下两点。

（1）tone()函数可产生的方波频率范围由定时器及时钟决定，另外由于 tone()函数中参数 frequency 的数据类型为 unsigned int 型，对于 Arduino Uno 开发板来说，产生方波的频率范围为 31～65535Hz。tone()函数可产生的方波频率范围如表 5-11 所示。

（2）调用 tone() 函数，同一时刻只能产生一组方波，如果已经在一个引脚上调用 tone() 函数，那么在另一个引脚的调用将不会有任何效果，如果在同一个引脚上调用，那么它将会刷新方波的频率、时长。

表 5-11　tone() 函数可产生的方波频率范围

MCU Clock	8 bit Timer Flow	16 bit Timer Flow	Fhigh
8 MHz	16 Hz	1 Hz (1/16 Hz)	4 MHz
16 MHz	31 Hz	1 Hz (1/8 Hz)	8 MHz

关闭无源蜂鸣器报警使用的函数是 noTone(pin) 函数，该函数的功能是停止指定引脚的方波输出，只有一个参数 pin，即需要停止产生方波的引脚编号。

5.6　温湿度计与 DHT11 数字温湿度传感器

温湿度计是用来测定环境的温度、湿度的，以确定产品生产或仓储的环境条件，也应用于人们日常生活中，应用较为广泛。本节将利用 DHT11 数字温湿度传感器模块、LCD1602 液晶屏及 Arduino 开发板制作一个电子温湿度计，学习如何使用 DHT11 数字温湿度传感器模块、LCD1602 液晶屏及 Arduino 的库。

5.6.1　硬件设计

温湿度计元器件清单如表 5-12 所示。

表 5-12　温湿度计元器件清单

元 器 件	数 量	元器件代号
Arduino Uno R3	1	U1
DHT11 数字温湿度传感器模块	1	U2
LCD1602 液晶屏	1	U3
1kΩ 电阻	1	R1
杜邦线	若干	

本项目用到了两种新的硬件：DHT11 数字温湿度传感器模块和 LCD1602 液晶屏，下面分别对它们进行简单的介绍。

1．DHT11 数字温湿度传感器模块

DHT11 数字温湿度传感器是一款含有已校准数字信号输出的温湿度复合传感器，包括一个电容式感湿元器件和一个 NTC 测温元器件，并与一个高性能 8 位单片机相连接，应用专用的数字模块采集技术和温湿度传感技术，且每个 DHT11 数字温湿度传感器都在极为精确的湿度校验室中进行校准，因此产品具有品质卓越、超快响应、抗干扰能力强、性价比极高等优点。DHT11 数字温湿度传感器采用单线制串行接口，使系统集成变得简易快捷。超小的体积、极低的功耗、信号传输距离可达 20m 以上，使其成为各类应用甚至苛刻的应用场合的最佳选择。DHT11 数字温湿度传感器模块如图 5-21 所示。

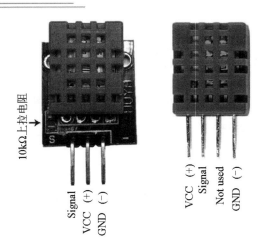

图 5-21　DHT11 数字温湿度传感器模块

DHT11 数字温湿度传感器模块主要技术参数如表 5-13～表 5-15 所示。

表 5-13　DHT11 数字温湿度传感器模块相对湿度性能表

参　　数	条　　件	min	type	max	单　　位
量程范围		5		95	%RH
精度	25℃		±5		%RH
重复性			±1		%RH
响应时间	1/e(63%)		<6		s
迟滞			±0.3		%RH
漂移	典型值		<±0.5		%RH/年

表 5-14　DHT11 数字温湿度传感器模块温度性能表

参　　数	条　　件	min	type	max	单　　位
量程范围		−20		60	℃
精度	25℃		±2		℃
重复性			±1		℃
响应时间	1/e(63%)		<10		s
迟滞			±0.3		℃
漂移	典型值		±0.5		℃/年

表 5-15　DHT11 数字温湿度传感器模块电气特性表

参　　数	条　　件	min	type	max	单　　位
供电电压		3.3	5	5.5	V
供电电流		0.06（待机）	—	1.0（测量）	mA
采样周期	测量		>2		s/次

DHT11 数字温湿度传感器采用简化的单总线通信，系统中的数据交换、控制均由单总线完成，一次传输 40 位数据，高位先出。数据格式为 8bit 湿度整数数据+8bit 湿度小数数据+8bit 温度整数数据+8bit 温度小数数据+8bit 校验位。

2. LCD1602 液晶屏

LCD1602 液晶屏，也叫作 1602 字符型液晶屏，是工业字符型液晶屏的一种，广泛应用于英文字母、阿拉伯数字和一般性符号等的显示，属于点阵型字符液晶模块。点阵型字符液晶模块由若干 5×7 或者 5×11 等点阵字符位组成，每个点阵字符位都可以显示一个字符，每位之间有一个点距的间隔，每行之间也有间隔，起到了字符间距和行间距的作用，正因为如此，它不能很好地显示图形（用自定义 CGRAM，显示效果也不好），仅适用于字符显示。常用的点阵型字符液晶模块有 16×1、16×2、20×2 和 40×2 等类型。LCD1602 液晶屏可以显示两行，每行 16 个点阵字符位（显示字符和数字），能够同时显示 32 个字符。市面上的字符液晶模块大多数是基于 HD44780 或者其他兼容芯片，以及少量电阻、电容元器件和结构件等装配在 PCB 板上组成的，控制原理是完全相同的，因此基于 HD44780 写的控制程序可以很方便地应用于市面上大部分的字符型液晶模块。LCD1602 液晶屏如图 5-22 所示。

图 5-22　LCD1602 液晶屏

LCD1602 液晶屏采用标准的 14 脚（无背光）或 16 脚（带背光）接口。LCD1602 液晶屏引脚说明如表 5-16 所示。

表 5-16　LCD1602 液晶屏引脚说明

引脚编号	符　号	引脚说明	引脚编号	符　号	引脚说明
1	VSS	电源地	9	D2	数据
2	VDD	电源正极	10	D3	数据
3	V0	液晶比度调整端	11	D4	数据
4	RS	数据/命令选择	12	D5	数据
5	R/W	读/写选择	13	D6	数据
6	E	使能信号	14	D7	数据
7	D0	数据	15	BLA	背光源正极
8	D1	数据	16	BLK	背光源负极

关键引脚补充说明：

（1）第 3 脚：V0 液晶显示器对比度调整端，接正电源时对比度最低，接地时对比度最高，对比度过高时会产生"鬼影"，使用时可以通过一个 10kΩ 的电位器调整对比度。

（2）第 4 脚：RS 为寄存器选择，高电平时选择数据寄存器、低电平时选择指令寄存器。

（3）第 5 脚：R/W 为读写信号线，高电平时进行读操作，低电平时进行写操作。当 RS 和 R/W 共同为低电平时可以写入指令或者显示地址，当 RS 为低电平、R/W 为高电平时可以读忙信号，当 RS 为高电平 R/W 为低电平时可以写入数据。

（4）第 6 脚：E 端为使能端，当 E 端由高电平跳变成低电平时，液晶模块执行命令。

（5）第 7～14 脚：D0～D7 为 8 位双向数据线。

LCD1602 液晶模块的读/写操作、显示屏和光标的操作都是通过指令编程来实现的（其中，1 为高电平，0 为低电平）。LCD1602 液晶屏指令表如表 5-17 所示。

表 5-17　LCD1602 液晶屏指令表

指　　　令	RS	R/W	D7	D6	D5	D4	D3	D2	D1	D0
清屏	0	0	0	0	0	0	0	0	0	1
光标复位	0	0	0	0	0	0	0	0	1	x
输入方式设置	0	0	0	0	0	0	0	1	I/D	S
显示开关控制	0	0	0	0	0	0	1	D	C	B
光标或字符移位控制	0	0	0	0	0	1	S/C	R/L	x	x
功能设置	0	0	0	0	1	DL	N	F	x	x
字符发生存储器地址设置	0	0	0	1	字符发生存储器地址					
数据存储器地址设置	0	0	1	显示数据存储器地址						
读忙标志或地址	0	1	BF	计数器地址						
写入数据至 CGRAM 或 DDRAM	1	0	要写入的数据内容							
从 CGRAM 或 DDRAM 中读取数据	1	1	要读取的数据内容							

LCD1602 液晶屏与控制器的连接方式有两种：一种是直接控制方式，另一种是所谓的间接控制方式。使用直接控制方式（8 线制）时，LCD1602 液晶屏的 8 根数据线和 3 根控制线（E、RS 和 R/W）与控制器相连后，即可正常工作。一般应用中只需要向 LCD1602 液晶屏中写入命令和数据，因此，可将 LCD1602 液晶屏的 R/W（读/写选择控制端）直接接地，这样可节省 1 根数据线。间接控制方式（4 线制）是利用 HD44780 所具有的 4 位数据总线的功能，将电路接口简化的一种方式，即只采用引脚 DB4～DB7 与控制器进行通信，先传数据或命令的高 4 位，再传低 4 位。4 线制采用四线并口通信，可以减少对控制器 I/O 接口的需求，当 I/O 接口资源紧张时，可以考虑使用此方法。

3．硬件电路搭建

DHT11 数字温湿度传感器模块使用单总线数据传输，电路连接比较简单，DHT11 数字温湿度传感器模块的 VCC、GND 引脚分别与 Arduino 开发板上的 5V、GND 引脚相连，Signal 引脚与 Arduino 开发板上的 A0 引脚相连（本项目中的 A0 引脚作为数字引脚使用）。为节省端口，本项目中的 LCD1602 液晶显示模块工作在 4 线制模式，将液晶显示模块的 VSS、R/W 接到 Arduino 开发板上的 GND、V0 通过一个 1kΩ 电阻后接 GND，VDD 接到 Arduino 开发板上的 5V 引脚，将液晶显示模块的 RS、E、D4、D5、D6、D7 引脚分别与 Arduino 开发板的 12、11、5、4、3、2 号引脚相连。温湿度计电路图如图 5-23 所示。

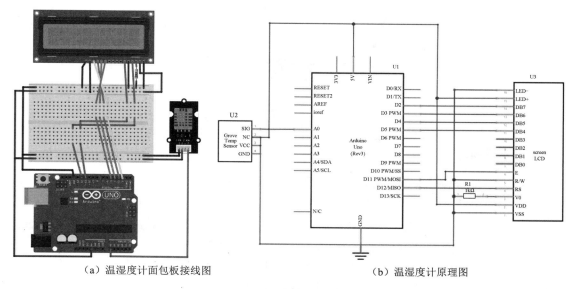

（a）温湿度计面包板接线图　　　　　　　　　（b）温湿度计原理图

图 5-23　温湿度计电路图

5.6.2　代码实现

通过前面的硬件介绍，DHT11 数字温湿度传感器模块与 LCD1602 液晶屏的驱动及应用比之前的硬件难度大，编写的话需要仔细阅读硬件技术手册。但 Arduino 应用的方便、强大之处在于其具有丰富的库，可以通过使用这些库的方式，便捷地驱动各种硬件。

1．程序代码

```
#include<LiquidCrystal.h>
#include <DHT.h>
LiquidCrystal lcd(12, 11, 5, 4, 3, 2);
DHT dht(14, DHT11);
void setup() {
    lcd.begin(16, 2);
    dht.begin();
}
void loop() {
    float Temperature = dht.readTemperature();
    float Humidity = dht.readHumidity();
    lcd.clear();
    lcd.setCursor(5, 0);
    lcd.print(String(Temperature)+String(char(0xdf))+String("C"));
    lcd.setCursor(5, 1);
    lcd.print(String(Humidity)+String("%"));
}
```

2．仿真结果

扫描二维码可查看仿真结果。

仿真结果

5.6.3 代码解析

```
#include<LiquidCrystal.h>
#include <DHT.h>
```

在 C 语言中以#号开头的代码行是预处理命令，预处理命令要放在所有函数之外，而且一般都放在源文件的前面。#include<>即文件包含，是预处理的一个重要功能，表示包含一个源代码文件，"<>"里面为所包含的文件名，它可用来把多个源文件连接成一个源文件进行编译，结果将生成一个目标文件。上述两句代码实现调用液晶显示模块驱动库及 DHT 系列温湿度传感器驱动库。当调用某个库之前需要确认 Arduino IDE 已经安装了这个库，以LiquidCrystal 库为例，选择 Arduino IDE 中的"工具"→"管理库"命令，弹出库管理器，在库管理器搜索框中搜索 LiquidCrystal，将看到与此有关的所有库，本例用到的是第一个，若已安装则显示 INSTALLED，若未安装则先选择版本，再单击"安装"按钮（见图 5-24）即可。

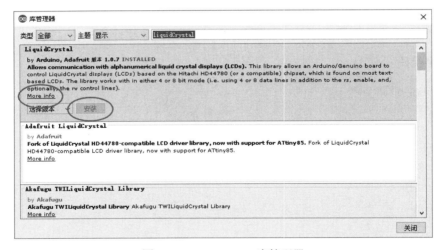

图 5-24　Arduino IDE 库管理器

库正确安装好后，即可正常使用，具体的使用方法可以单击库文件中蓝色"More info"（图 5-24 中 2 圈出部分）链接，将弹出相关说明。对于 LiquidCrystal 库，弹出的内容主要包含库介绍、例程、函数说明等。LiquidCrystal 库介绍如图 5-25 所示。

```
LiquidCrystal lcd(12, 11, 5, 4, 3, 2);
DHT dht(14,DHT11);
```

这两句分别实例化液晶显示模块 lcd 及 DHT 温湿度传感器模块 dht。LiquidCrystal lcd (12, 11, 5, 4, 3, 2)的句法原型为 LiquidCrystal (rs, enable, d4, d5, d6, d7)，可以看作 Arduino 创

建了一个名为 lcd 的液晶显示模块，Arduino 的 12、11、5、4、3、2 号引脚分别对应连接液晶屏的 rs、enable、d4、d5、d6、d7 引脚。DHT dht(14, DHT11)的句法原型为 DHT dht(DHTPIN, DHTTYPE)，可以看作 Arduino 创建了一个名为 dht 的 DHT 温湿度传感器模块，其中 14 表示 Arduino 的 14 号引脚与 DHT 传感器相连，DHT11 表示相连的 DHT 温湿度传感器型号。

```
void setup() {
    lcd.begin(16,2);
    dht.begin();
}
```

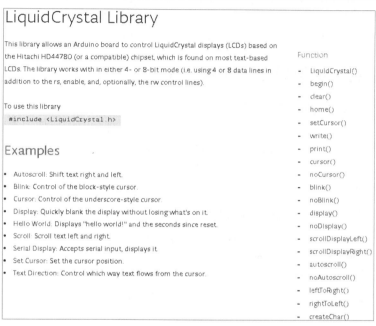

图 5-25　LiquidCrystal 库介绍

void setup()函数对 lcd 液晶显示模块、dht 温湿度传感器模块进行初始化。lcd.begin(cols, rows)将液晶显示模块初始化 cols 列、rows 行显示模式，本例使用 LCD1602 液晶屏将液晶显示模块初始化为 16 列、2 行显示模式。

```
float Temperature = dht.readTemperature();
float Humidity = dht.readHumidity();
```

以上代码表示从 dht 温湿度传感器模块读取温、湿度值，分别赋值给浮点型变量 Temperaturer、Humidity。dht.readTemperature()函数的功能是从温湿度传感器模块读取温度值，dht.readHumidity()函数的功能是从温湿度传感器模块读取湿度值。

```
lcd.clear();
lcd.setCursor(5, 0);
lcd.print(String(Temperature)+String(char(0xdf))+String("C"));
lcd.setCursor(5, 1);
lcd.print(String(Humidity)+String("%"));
```

lcd.clear()函数的功能是将液晶显示清屏，显示坐标返回 0 列 0 行。lcd.setCursor(col, row) 函数的功能是将液晶显示的坐标设置为指定的 col 列、row 行。lcd.print(val, format)函数的功能是以指定格式从液晶屏输出数据，并返回字节数，参数 val 可以为 char、byte、int、long 或 string，参数 format 可省略，默认为 ASCII 编码方式，还可以为 BIN（二进制）、OCT（八进制）、DEC（十进制）、HEX（十六进制）编码。

本段代码的含义是刷新显示前清屏，从 5 列 0 行起显示温度数据（因为数据、小数点加单位符号需要 6～7 位显示，1602 显示屏宽度为 16 列，居中显示，所以从第 5 列开始显示），从 5 列 1 行起显示湿度数据。String(Temperature)+String(char(0xdf))+String("C")为字符串的拼接，如字符串 "abc"+字符串 "def" 的拼接结果为字符串 "abcdef"。另外摄氏度符号 "℃" 在 ASCII 码中不存在，所以用°的 ASCII 码 "0xdf" 加 "C" 拼接显示 "℃"。

5.7 角运动测量仪与单轴陀螺仪传感器

角运动的测量是几何量测量的一个重要项目，在生产、生活中随处可见。例如，太阳能电池随动系统、飞机航向仪、雷达、空间望远镜等。本节将介绍如何使用单轴陀螺仪传感器进行角运动的测量，学习一些陀螺仪传感器与 Arduino 串口输入的相关知识。

5.7.1 硬件设计

角运动测量仪元器件清单如表 5-18 所示。

表 5-18 角运动测量仪元器件清单

元 器 件	数 量	元器件代号
Arduino Uno R3	1	U1
HWT101 单轴陀螺仪传感器模块	1	U2
LCD1602 液晶屏	1	U3
1kΩ 电阻	1	R1
杜邦线	若干	

1. HWT101 单轴陀螺仪传感器模块

陀螺仪传感器又叫作角速度传感器，是一种角运动检测装置，可以用来检测角速度及角度，一般用作物体的姿态检测。

深圳维特智能科技有限公司生产的 HWT101 单轴陀螺仪传感器模块是一款高稳定、低功耗、工业级的测量 Z 轴相对角、旋转角、偏航角的产品。其具有以下特点：①模块集成高精度的水晶陀螺仪传感器，由于石英晶体具有十分出色的温度稳定性，因此具有非常优异的温漂性能，且无惧磁场干扰，稳定性极高。②内部集成了高性能姿态解算器，配合动态卡尔曼数字滤波算法，能有效降低测量噪声，提高测量精度，快速求解出模块当前的实时运动姿态（测量精度静态为 0.05°，动态为 0.1°），性能优异。③自带电压稳定电路，工作电压 3.3～5V，引脚电平兼容 3.3V/5V 的嵌入式系统。④支持串口和 I²C 两种数字通信接口，方便用户选择最佳的连接方式。串口速率为 2400～921600bit/s、可调（默认 9600bit/s），I²C 接口支持全速 400K 传输速率，数据刷新速率为 0.1～500Hz、可调。HWT101 单轴陀螺仪传感器模块如图 5-26 所示。

如图 5-26 所示，图的右上方为模块的轴向示意，向右为 X 轴，向上为 Y 轴，垂直模块向外为 Z 轴。旋转的方向按右手法则定义，即右手大拇指指向轴向，四指弯曲的方向即为绕该轴旋转的方向，Z 轴角度为绕 Z 轴旋转方向的角度。

HWT101 单轴陀螺仪传感器模块采用 12 脚接口。HWT101 单轴陀螺仪传感器模块引脚说明如表 5-19 所示。

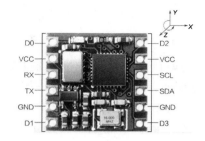

图 5-26　HWT101 单轴陀螺仪传感器模块

表 5-19　HWT101 单轴陀螺仪传感器模块引脚说明

编　　号	符　　号	引脚说明
1	D0	扩展端口 0
2	VCC	模块电源，3.3V 或 5V 输入
3	RX	串行数据输入，TTL 电平
4	TX	串行数据输出，TTL 电平
5	GND	地线
6	D1	硬件 Z 轴角度归零
7	D3	扩展端口 3
8	GND	地线
9	SDA	I²C 数据线
10	SCL	I²C 时钟线
11	VCC	模块电源，3.3V 或 5V 输入
12	D2	扩展端口 2

模块的波特率及数据刷新率可通过官方上位机软件进行设置。HWT101 单轴陀螺仪传感器模块配置如图 5-27 所示。

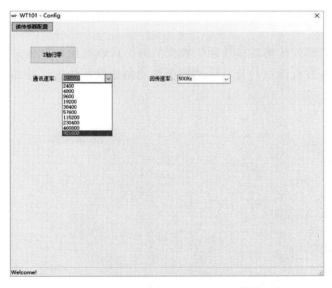

图 5-27　HWT101 单轴陀螺仪传感器模块配置

串行通信格式、寄存器地址等更多使用信息参见官网产品说明。

2．硬件电路搭建

本项目选择串行通信来读取 HWT101 单轴陀螺仪传感器模块的信息，并通过 LCD1602 液晶屏进行显示，电路连接方法如下：HWT101 单轴陀螺仪传感器模块的 VCC 与 GND 分别与 Arduino Uno 开发板的 5V 与 GND 相连，3 号引脚（RX）与 Arduino Uno 开发板的 1 号引脚（TX）相连，4 号引脚（TX）与 Arduino Uno 开发板的 0 号引脚（RX）相连，LCD1602 液晶屏采用 4 线制模式，连接方式与上节相同。角运动测量仪电路图如图 5-28 所示。

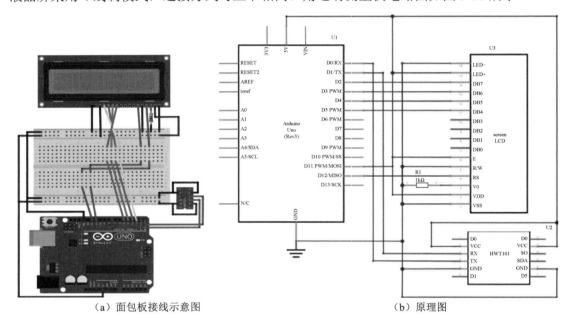

（a）面包板接线示意图　　　　　　　　　　（b）原理图

图 5-28　角运动测量仪电路图

5.7.2　代码实现

HWT101 单轴陀螺仪传感器模块通信数据的解析可以利用官方提供的库文件完成，以下代码实现 Arduino 开发板读取并计算传感器模块的角速度和角度，并通过 LCD1602 液晶屏输出。

1．程序代码

```
#include<LiquidCrystal.h>
#include<JY901.h>
float yaw;
float Gyro;
LiquidCrystal lcd(12, 11, 5, 4, 3, 2);
void setup() {
    Serial.begin(9600);
    lcd.begin(16, 2);
}
```

```
void loop() {
    while (Serial.available())
    {
        JY901.CopeSerialData(Serial.read());
    }
    Gyro = (float)JY901.stcGyro.w[2] / 32768 * 2000;
    yaw = (float)JY901.stcAngle.Angle[2] / 32768 * 180;
    lcd.clear();
    lcd.setCursor(2, 0);
    lcd.print("Gyro:" + String(Gyro));
    lcd.setCursor(2, 1);
    lcd.print("Angle:" + String(yaw));
    delay(1000);
}
```

将 Arduino 开发板与计算机相连，上传代码后，轻微转动 HWT101 单轴陀螺仪传感器模块，通过 LCD1602 液晶屏即可读出 HWT101 单轴陀螺仪传感器模块的角速度及角度。

2．仿真结果

扫描二维码可查看仿真结果。

仿真结果

5.7.3　代码解析

```
#include<LiquidCrystal.h>
#include<JY901.h>
```

以上两行代码为预处理命令中的文件包含命令，用来实现库的调用。其中 JY901.h 为深圳维特智能科技有限公司提供的陀螺仪驱动库头文件。

深圳维特智能科技有限公司提供的陀螺仪驱动文件有 3 个，分别为 JY901.h、JY901.cpp、keywords.txt，使用时可以将这 3 个文件复制到项目文件夹下，在源代码中使用#include "JY901.h"实现库的调用，注意#include <JY901.h>和#include "JY901.h"是有区别的，#include" " 在当前目录查找有无该头文件，若有则包含该目录下的头文件，若没有则到系统指定的目录下找该头文件，而#include< >则直接到系统指定的目录下查找该文件。

复制库的源文件到项目文件夹并调用，这样使用第三方库的方法比较麻烦，可以使用 Arduino IDE 中添加 ZIP 库的功能导入库文件。以本项目为例，先将陀螺仪驱动 3 个文件一起使用 winrar 之类的软件制作成 ZIP 格式压缩包，然后选择 Arduino IDE 中的"项目"→"加载库"→"添加.ZIP 库"命令，选择刚制作好的 ZIP 格式库压缩包，即可实现库的导入，使用时无须再次复制库源文件，直接在源代码中使用文件包含即可。

```
float yaw;
float Gyro;
```

```
LiquidCrystal lcd(12, 11, 5, 4, 3, 2);
```

定义浮点型变量 yaw、Gyro 分别用于存储当前角度、角速度数据，并实例化液晶显示模块 lcd。

```
void setup() {
  Serial.begin(9600);
  lcd.begin(16, 2);
}
```

void setup()函数中进行串口和 lcd 的初始化配置。

void loop()函数中：

```
while (Serial.available())
{
  JY901.CopeSerialData(Serial.read());
}
```

判断串口是否存在接收数据，若存在，则读取串口接收数据，并调用 JY901 库串口数据处理功能进行处理。Serial.available()函数的功能为获取可从串口读取的字节数，即已到达并存储在串行接收缓冲区（缓冲区大小默认为 64 字节）中数据的字节数。Serial.read()函数的功能为读取并返回串行接收数据缓冲区数据的第 1 字节，并删除已读数据，若没有可用数据，则返回-1。JY901.CopeSerialData()函数的功能为将串口读取的数据进行处理，并存储有效数据。

```
Gyro = (float)JY901.stcGyro.w[2] / 32768 * 2000;
yaw = (float)JY901.stcAngle.Angle[2] / 32768 * 180;
```

分别读取处理后的有效角速度、角度数据（模块采用 2 字节十六进制编码角度及角速度信息，即角度的数据范围是-180°～+180°，而 2 字节十六进制数的范围是-32767～+32768，则将-180°～+180°的数据映射到-32768～+32768，角速度同理），并按规则解码处理，计算得到角速度、角度值。

```
lcd.clear();
lcd.setCursor(2, 0);
lcd.print("Gyro:" + String(Gyro));
lcd.setCursor(2, 1);
lcd.print("Angle:" + String(yaw));
delay(1000);
```

LCD1602 液晶屏刷新显示角速度、角度信息。

5.8　本章函数小结

本章新用到的 Arduino 函数如下。

1）Serial.begin()

功能：串口的初始化配置。

形式：Serial.begin(speed, config)。

参数：

Serial 表示串口对象，参阅每种 Arduino 开发板的可用串行端口列表。

speed 表示定义串口传输的波特率，如 9600bit/s、19200bit/s 等。

config 表示定义串口传输的通信格式，如 8N1（默认）、8N2、8E1、8O1 等。

返回值：无。

例如：

```
Serial.begin(9600);                // 定义串口传输的波特率为 9600bit/s，采用 8N1 通信格式
```

2）Serial.print()

功能：以指定格式从串口输出数据，并返回输出的字节数。

形式：Serial.print(val, format)。

参数：

Serial 表示串口对象，参阅每种 Arduino 开发板的可用串行端口列表。

val 表示输出的值，支持任何类型的数据。

format 表示输出数据的格式，默认为 ASCII 编码方式，还可以为 BIN（二进制）、OCT（八进制）、DEC（十进制）、HEX（十六进制）编码。

返回值：输出的字节数。

例如：

```
Serial.print("hello,world!");      // 以 ASCII 码形式输出 hello,world!
```

3）Serial.println()

功能：以指定格式从串口输出数据并换行，同时返回输出的字节数。

形式：Serial.println(val, format)。

参数：

Serial 表示串口对象，参阅每种 Arduino 开发板的可用串行端口列表。

val 表示输出的值，支持任何类型的数据。

format 表示输出数据的格式，默认为 ASCII 编码方式，还可以为 BIN（二进制）、OCT（八进制）、DEC（十进制）、HEX（十六进制）编码。

返回值：输出的字节数。

例如：

```
Serial.println("hello,world!");    // 以 ASCII 码形式输出 hello,world!并换行
```

4）pow()

功能：指数函数。

形式：pow(base, exponent)。

参数：

base 表示底数。

exponent 表示指数。

返回值：base 为底的 exponent 次方。

例如：

```
pow(2, 3);                         // 计算 2 的 3 次方，返回其结果 8
```

5）delayMicroseconds()

功能：延时等待指定的时间（单位：μs），执行时微控制器被阻塞，不能执行其他任务。

形式：delayMicroseconds(μs)。

参数：

μs 表示 unsigned int 型，指定延时等待的微秒数。

返回值：无。

例如：

```
delayMicroseconds(100);    // 延时等待 100μs
```

6）pulseIn

功能：检测指定引脚的脉冲信号持续时间。

形式：pulseIn(pin, value, timeout)。

参数：

pin 表示指定检测脉冲引脚编号。

value 表示指定检测脉冲电平，可以为 HIGH 或 LOW。

timeout 表示检测超时时间（单位：μs），可选，默认为 1s。

返回值：脉冲持续时长（时间单位：μs），若在超时时间内没有读到脉冲信号，则返回 0。

例如：

```
pulseIn(2, HIGH);        // 检测 2 号引脚高电平脉冲的持续时间，并返回该时间
```

7）tone()

功能：用于指定引脚，产生指定频率且占空比为 50% 的方波。

形式：tone(pin, frequency, duration)。

参数：

pin 表示指定输出方波的引脚编号。

frequency 表示方波频率，单位为 Hz。

duration 表示持续时间，单位为 ms。

返回值：无。

例如：

```
tone(2, 500, 1000);      // 2 号引脚输出 500Hz 的频率方波，持续时间为 1s
```

8）noTone()

功能：停止指定引脚的方波输出。

形式：noTone(pin)。

参数：

pin 表示需要停止输出方波的引脚编号。

返回值：无。

例如：

```
noTone(2);               // 停止 2 号引脚的方波输出
```

9）Serial.available()

功能：获取可从串口读取的字节数，即已到达并存储在串行接收缓冲区（缓冲区大小默认为 64 字节）中数据的字节数。

形式：Serial.available()。

参数：

Serial 表示串口对象，参阅每种 Arduino 开发板的可用串行端口列表。

返回值：串口可读取的字节数。

例如：

```
Serial.available();      // 获取可从串口读取的字节数
```

10）Serial.read()

功能：读取并返回串行接收数据缓冲区数据的第 1 字节，并删除已读数据，若没有可用数据，则返回-1。

形式：Serial.read()。

参数：

Serial 表示串口对象，参阅每种 Arduino 开发板的可用串行端口列表。

返回值：返回串行接收数据缓冲区数据的第 1 字节，若没有可用数据，则返回-1。

例如：

```
Serial.read();          // 读取串口接收数据缓冲区数据的第 1 字节
```

练习

1．光敏电阻的工作原理是什么？主要有哪些应用？

2．测量距离的传感器有哪些？

3．检测气体的传感器有哪些？

4．试设计一种能够检测家中煤气泄漏的电路。

5．试设计一种防漏水报警器。

第 6 章　Arduino 驱动电动机

前面章节介绍了 Arduino 控制 LED 的亮灭及传感器的相关应用，如果要制作一个机器人或其他会动的物体，那么就需要学会利用 Arduino 控制电动机，再结合机械传动装置，实现需要执行的动作。

电动机俗称"马达"，是依据电磁感应定律实现电能转换成机械能的一种电磁装置。电动机在电路中用字母 M 表示，它的主要作用是产生驱动转矩。作为用电器或各种机械的动力源，对电动机的控制主要是对电动机的启动、加速、运转、减速及停止进行的控制。Arduino 开发板的通用 I/O 引脚驱动能力有限，有些外设不能直接使用 I/O 引脚进行驱动，需要借助一些驱动电路间接控制大功率元器件。

本章主要介绍直流电动机、步进电动机及舵机的控制。

6.1　直流电动机驱动

6.1.1　直流电动机驱动的基本原理

由于 Arduino 等微控制器引脚无法提供电动机工作所需的大电流，不足以驱动一般的电动机正常运转，因此需要通过专门的驱动电路驱动电动机。目前一般通过三极管或 MOSFET（金属-氧化物半导体场效应晶体管）进行电流放大，来实现电动机的驱动。如果要控制电动机正、反转等复杂的动作，那么一般选用 H 桥电路驱动电动机。

1. MOS 管或三极管驱动的基本原理

MOS 管的英文全称为 MOSFET（Metal Oxide Semiconductor Field Effect Transistor），即金属氧化物半导体型场效应管，属于场效应管中的绝缘栅型。因此，MOS 管有时称为绝缘栅

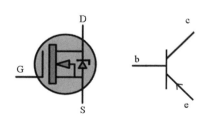

图 6-1　MOSFET 和三极管的符号

场效应管。MOSFET 和三极管的符号如图 6-1 所示。它们的功能类似，但原理和应用范围有一定的区别。MOSFET 的门极（栅极、G 极、Gate），顾名思义就是控制 MOSFET 导通的电压输入极，起到一个开关 MOSFET 的作用，与三极管的基极（b）类似，但需要注意的是，MOSFET 是电压驱动型元器件，而三极管是电流驱动型元器件。当 V_{gs} 大于 V_{gs}（th）阈值电压（典型的为 2～5V）时，$V_{ds} \approx 0$，也就表示 MOSFET 导通。因此，只需要通过控制 V_{gs} 的电压，就可以开、关 MOSFET，这样就起到了电子开关的作用。

以 N 沟道 MOS 管为例，驱动负载应该接在漏极（D）。MOSFET 负载连接方式如图 6-2 所示。在图 6-2 中的左方电路中，G 极电势为 4V，而 S 极接地，即电势为 0V，因此 V_{gs}=4V，所以 MOSFET 导通，从图也可以看到 V_d=0.075V，近似为 0。而图中右方接负载的电路是

无法带动负载的（也就是无法导通 MOSFET）。它的原因如下：如果图 6-2 的右方电路中的 MOSFET 导通，那么 $V_s \approx V_d = 24V$，此时 $V_{gs} = V_g - V_s = -20V$，这是不会导通这个 MOSFET 的。而当 MOSFET 截止，那么 $I_{ds} \approx 0$，这时 $V_s = 0$，MOSFET 又导通了，一导通后又像上面所说的过程，MOSFET 会截止。

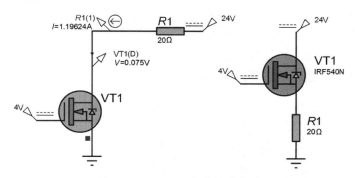

图 6-2　MOSFET 负载连接方式

2．H 桥驱动的基本原理

电动机驱动板可以通过如下方式对直流电动机的速度和旋转方向进行控制。

- H 桥——控制电动机旋转方向（前进、后退、停止）。
- PWM——控制电动机速度。

1）H 桥驱动

有了上面单个 MOSFET 驱动电路的分析，理解 H 桥驱动也就很容易了。H 桥，英文名称为 H-Bridge，是一种经典的直流电动机控制电路。H 桥全桥驱动电动机如图 6-3 所示。电路包含 4 个 MOSFET、负载电动机位于中心，形成 H 形结构，可以通过同时激活两个特定的开关来改变电流的方向，从而实现对电动机的旋转方向进行控制。

这里有 4 个 MOSFET，即 VT1、VT2、VT3、VT4，另外还有一个直流电动机 M，VD1、VD2、VD3、VD4 是 MOSFET 的续流二极管，桥顶端连接到电源（电池），桥底端接地。H 桥电动机驱动电路如图 6-4 所示。

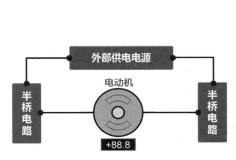

图 6-3　H 桥全桥驱动电动机

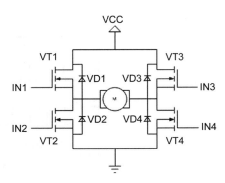

图 6-4　H 桥电动机驱动电路

输入引脚 IN1、IN2、IN3 和 IN4 为控制 H 桥电路的开关输入信号，之所以要称为 H 桥，是因为电路形似大写字母 H。

　　H 桥的基本工作电路非常简单，如图 6-5 所示（绿色表示 MOSFET 导通，红色表示 MOSFET 截止），如果要使电动机正转，那么只需要导通 VT1 和 VT4，电动机的左引线将连接到电源，而右引线接地，电流开始流过电动机，电动机正向供电，电动机轴开始向前旋转；如果要反转，那么只需要导通 VT2 和 VT3，电动机反向通电，产生反向电流，电动机轴将开始向后旋转。各种情况下的电流方向在图中已经表示得很清楚了。在 H 桥电路中，永远不要尝试同时打开同侧开关管，如 VT1 和 VT3（或 VT2 和 VT4），如果这样做的话，那么电源 VCC 和 GND 之间就会形成一条低电阻回路，导致电源短路，这种情况下会击穿电路，对电路中的电子元器件产生致命的损坏。

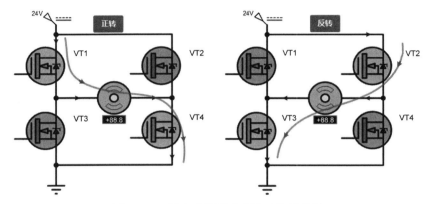

彩色图

图 6-5　H 桥电动机驱动电路工作示意图

2）PWM 调速

　　PWM，俗称脉冲宽度调制，是一种对模拟信号电平进行数字编码的方法，由于计算机不能输出模拟电压，只能输出 0V 或 12V 的数字电压值，因此可以通过使用高分辨率计数器，利用方波的占空比调制的方法来对一个具体模拟信号的电平进行编码。PWM 信号仍然是数字的，因为在给定的任何时刻，满幅值的直流供电要么是 12V（ON），要么是 0V（OFF）。PWM 原理示意图如图 6-6 所示。

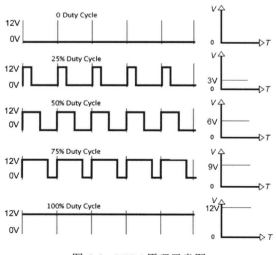

图 6-6　PWM 原理示意图

电压或电流是以一种将通（ON）或断（OFF）的重复脉冲序列加到模拟负载上去的，ON 表示直流供电开启，OFF 表示供电断开。

只要带宽足够，任何模拟值都可以使用 PWM 进行编码，另外占空比通常以百分比表示，占空比分别为 0、25%、50%、75% 和 100%。

通俗地讲，PWM 就是通过调整占空比的方式来改变平均电压，从而使电动机的转速发生改变的，那么 PWM 如何生成呢？可以利用 Arduino 开发语言提供的模拟函数"analogWrite"输出 PWM 波，取值区间为 0～255。

6.1.2　MOS 管或三极管驱动直流电动机

本例通过电位器和三极管控制直流电动机，实现电动机的转动与调速。

1．硬件电路

硬件电路由 Arduino 开发板、电源、电动机、三极管、电位器、电阻等组成。通过电位器和三极管控制直流电动机如图 6-7 所示。

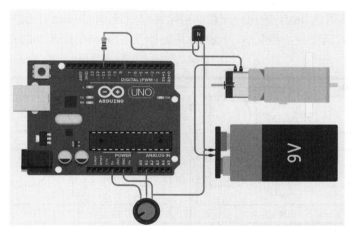

图 6-7　通过电位器和三极管控制直流电动机

2．程序代码

```
const unsigned char motor  = 11;
const unsigned char sensor = A1;

void setup()
{
    pinMode(motor, OUTPUT);
    pinMode(sensor, INPUT);
}

void loop()
{
    // 用 map()函数进行范围的映射
```

```
analogWrite(motor, map(analogRead(sensor), 0, 1023, 0, 255));
}
```

3. 仿真结果

扫描二维码可查看仿真结果。

仿真结果

6.1.3 L298N 驱动直流电动机

1. L298N 驱动芯片

L298N 是 L293 电动机驱动芯片的高功率、大电流版本,是意法半导体(ST Semiconductor)集团旗下量产的一种双路全桥式电动机驱动芯片,具有工作电压高、输出电流大、驱动能力强、发热量低、抗干扰能力强等特点,通常用来驱动继电器、螺线管、电磁阀、直流电动机及步进电动机。其工作电压可达 46V,输出电流最高可至 4A,采用 Multiwatt 15 脚封装,接收标准 TTL逻辑电平信号,具有两个使能控制端。L298N 电路图及 L298N 引脚图如图 6-8 及图 6-9 所示。

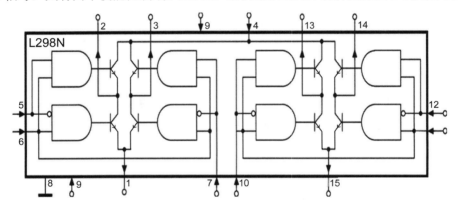

图 6-8 L298N 电路图

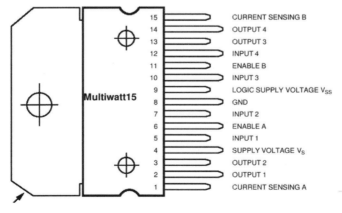

图 6-9 L298N 引脚图

L298N 通过控制主控芯片上的 I/O 端，直接通过电源来调节输出电压，即可实现电动机的正转、反转、停止，由于电路简单，使用方便，通常情况下 L298N 可直接驱动继电器（四路）、螺线管、电磁阀、直流电动机（两台）及步进电动机（一台两相或四相）。

2. L298N 电动机驱动板

1）L298N 电动机驱动板及其核心模块

市场上有很多型号的 L298N 电动机驱动板，使用方式基本相同，主要差别在于电路图布局不同。L298N 电动机驱动板如图 6-10 所示。

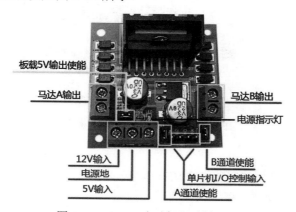

图 6-10　L298N 电动机驱动板

L298N 电动机驱动板主要由两个核心组件构成。

（1）L298N 驱动芯片。

黑色散热片直接与 L298N 驱动芯片连接，散热片是一种无源热交换器，可将电子或机械设备产生的热量传递到流体介质中（空气或液体冷却剂），对芯片起到一定的散热作用。

（2）78M05 稳压器。

78M05 是一种三端口电流正固定电压稳压器，这些端子分别是输入端子、公共端子和输出端子，使用平面外延制造工艺构造，以 TO-220 形式封装，输出电流的最大值为 500mA，输入偏置电流为 3.2mA，输入电压的最大值为 35V，由于其具有在过流、过热时关断的保护功能，在现实中被广泛使用。

稳压模块能否生效完全取决于 5V 使能跳线帽是否启用（拔掉禁用、插入启用，默认是板载连通的），这里分两种情况，接通和未接通。

① 板载跳线帽：当电源小于或等于 12V 时，内部电路将由稳压器供电，并且 5V 引脚作为微控制器供电的输出引脚，即 VCC 作为 78M05 的输入，5V 是 78M05 的输出，从而可以为板载提供 5V 电压，为外部电路供电使用。

② 拔掉跳线帽：当电源大于 12V 时，拔掉跳线帽，并且应通过 5V 端子单独为内部供电，即 VCC 不作为 78M05 的输入，而 5V 由外部电路提供，此时就需要两个供电电源，VCC 和 5V。

2）L298N 电动机驱动板引脚

L298N 电动机驱动板引脚主要分为电源引脚、控制引脚、输出引脚、调速控制引脚等。

L298N 电动机驱动板引脚图如图 6-11 所示。

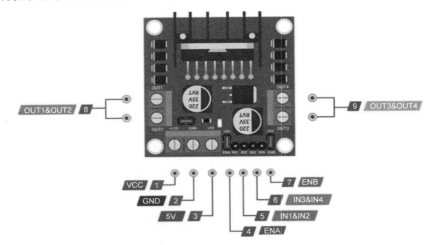

图 6-11　L298N 电动机驱动板引脚图

（1）电源引脚。

① VCC：外接直流电源引脚，电压范围为 5～35V。

② GND：接地引脚，连接到电源负极。

③ 5V：驱动芯片内部逻辑供电引脚，如果安装了 5V 跳线帽，那么此引脚可输出 5V 电压，为微控制器或其他电路提供电力供给；如果拔掉 5V 跳线帽，那么需要独立外接 5V 电源。

（2）控制引脚。

① IN1&IN2：电动机驱动器 A 的输入引脚，控制电动机 A 的转动及旋转方向。

IN1 输入高电平 HIGH，IN2 输入低电平 LOW，对应电动机 A 正转。

IN1 输入低电平 LOW，IN2 输入高电平 HIGH，对应电动机 A 反转。

IN1、IN2 同时输入高电平 HIGH 或低电平 LOW，对应电动机 A 停止转动。

调速就是改变 ENA 高电平的占空比（需要拔掉 ENA 处跳线帽）。

② IN3&IN4：电动机驱动器 B 的输入引脚，控制电动机 B 的转动及旋转方向。

IN3 输入高电平 HIGH，IN4 输入低电平 LOW，对应电动机 B 正转。

IN3 输入低电平 LOW，IN4 输入高电平 HIGH，对应电动机 B 反转。

IN3、IN4 同时输入高电平 HIGH 或低电平 LOW，对应电动机 B 停止转动。

调速就是改变 ENB 高电平的占空比（需要拔掉 ENB 处跳线帽）。

（3）输出引脚。

① OUT1&OUT2：电动机驱动器 A 的输出引脚，接直流电动机 A 或步进电动机的 A+和 A-。

② OUT3&OUT3：电动机驱动器 B 的输出引脚，接直流电动机 B 或步进电动机的 B+和 B-。

（4）调速控制引脚。

① ENA：电动机 A 调速开关引脚，拔掉跳线帽，使用 PWM 对电动机 A 调速，插上电动机 A 高速运行。

② ENB：电动机 B 调速开关引脚，拔掉跳线帽，使用 PWM 对电动机 B 调速，插上电动机 B 高速运行。

3）L298N 电动机驱动板控制逻辑

OUT1、OUT2 和 OUT3、OUT4 之间分别接两个直流电动机 Motor1、Motor2，IN1、IN2、IN3、IN4 引脚从单片机接入控制电平，控制电动机的正反转，ENA、ENB 接控制使能端，控制电动机调速。L298N 电动机驱动板控制逻辑表如表 6-1 所示。

表 6-1　L298N 电动机驱动板控制逻辑表

直流电机	旋转方式	IN1	IN2	IN3	IN4	PWM 调速信号	
						ENA	ENB
A	正转	高	低			高	
	反转	低	高			高	
	停止	低	低			高	
B	正转			高	低		高
	反转			低	高		高
	停止			低	低		高

3．L298N 驱动直流电动机实例

本例通过 L298N 驱动模块驱动两个直流电动机，分别实现电动机的正转、反转及停止功能，带动小车实现前进、后退及停止功能。

1）硬件电路

硬件主要包括电源、Arduino 开发板、L298N 驱动器、电动机等。L298N 电动机驱动实例如图 6-12 所示。

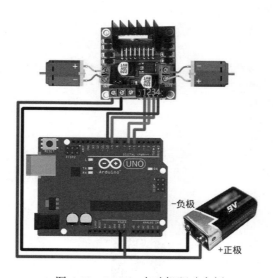

图 6-12　L298N 电动机驱动实例

2）程序代码

```
int input1 = 5; // 定义 Uno 的 pin 5 向 input1 输出
int input2 = 6; // 定义 Uno 的 pin 6 向 input2 输出
int input3 = 9; // 定义 Uno 的 pin 9 向 input3 输出
int input4 = 10; // 定义 Uno 的 pin 10 向 input4 输出
```

```
void setup() {
//    Serial.begin (9600);
// 初始化各 I/O 引脚，模式为 OUTPUT 输出模式
pinMode(input1, OUTPUT);
pinMode(input2, OUTPUT);
pinMode(input3, OUTPUT);
pinMode(input4, OUTPUT);
  }

void loop() {
    // 小车前进
    digitalWrite(input1, HIGH);        // 给高电平
    digitalWrite(input2, LOW);         // 给低电平
    digitalWrite(input3, HIGH);        // 给高电平
    digitalWrite(input4, LOW);         // 给低电平
    delay(1000);                       // 延时 1s

    // 小车停止
    digitalWrite(input1, LOW);
    digitalWrite(input2, LOW);
    digitalWrite(input3, LOW);
    digitalWrite(input4, LOW);
    delay(500);                        // 延时 0.5s

    // 小车后退
    digitalWrite(input1, LOW);
    digitalWrite(input2, HIGH);
    digitalWrite(input3, LOW);
    digitalWrite(input4, HIGH);
    delay(1000);
  }
```

3）仿真结果

扫描二维码可查看仿真结果。

仿真结果

6.1.4　TB6612FNG 驱动直流电动机

1．TB6612FNG 模块简介

TB6612FNG 是东芝（中国）有限公司上海分公司生产的一款直流电动机驱动元器件，

它具有大电流 MOSFET-H 桥结构，双通道电路输出，可同时驱动两个电动机。其效率高于晶体管 H 桥驱动器。相比 L293D 每通道平均 600 mA 的驱动电流和 1.2 A 的脉冲峰值电流，它的输出负载能力提高了一倍。相比 L298N 的热耗性和外围二极管续流电路，它无须外加散热片，外围电路简单，只需要外接电源滤波电容就可以直接驱动电动机，有利于减小元器件的尺寸。

图 6-13　TB6612FNG 模块

TB6612FNG 模块如图 6-13 所示。TB6612FNG 的主要引脚功能如表 6-2 所示。AIN1/AIN2、BIN1/BIN2、PWMA/PWMB 为控制信号输入端；AO1/AO2、BO1/BO2 为 2 路电动机输出端；STBY 为正常工作/待机状态控制端；VM（4.5～15 V）和 VCC（2.7～5.5 V）分别为电动机驱动电压输入端和逻辑电平输入端。

表 6-2　TB6612FNG 的主要引脚功能

引　　脚	功　　能	引　　脚	功　　能
PWMA	A 控制信号输入	VM	电动机驱动电压输入端（4.5V～15V）
AIN2	A 电动机输入端 2	VCC	逻辑电平输入端（2.7V～5.5V）
AIN1	A 电动机输入端 1	GND	接地
STBY	正常工作/待机状态控制端	AO1	A 电动机输出端 1
BIN1	B 电动机输入端 1	AO2	A 电动机输出端 2
BIN2	B 电动机输入端 2	BO2	B 电动机输出端 2
PWMB	B 控制信号输入端	BO1	B 电动机输出端 1
GND	接地	GND	接地

TB6612FNG 电动机驱动板控制逻辑表如表 6-3 所示。

表 6-3　TB6612FNG 电动机驱动板控制逻辑表

直流电机	旋转方式	AIN1	AIN2	PWMA	BIN1	BIN2	PWMB	STBY
M1	制动	高	高	高/低				高
	反转	低	高	高				高
	制动	低	高	低				高
	正转	高	低	高				高
	制动	高	低	低				高
	停止	低	低	高				高
	待机	高/低	高/低	高/低				低
M2	制动				高	高	高/低	高
	反转				低	高	高	高
	制动				低	高	低	高
	正转				高	低	高	高
	制动				高	低	低	高
	停止				低	低	高	高
	待机				高/低	高/低	高/低	低

2．TB6612FNG 驱动直流电动机实例

1）硬件电路

本例通过 TB6612FNG 驱动模块驱动两个直流电动机，分别实现电动机的正转、反转及停止功能。TB6612FNG 驱动电动机接线图如图 6-14 所示。

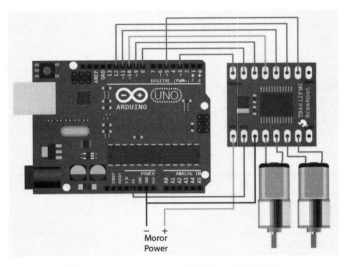

图 6-14　TB6612FNG 驱动电动机接线图

2）程序代码

```
// 电动机 A 的两端分别连接 AO1 和 AO2
// 电动机 B 的两端分别连接 BO1 和 BO2

int STBY = 10;

// 电动机 A
int PWMA = 3;   // 控制电动机 A 的速度
int AIN1 = 9;   // 控制电动机 A 的方向
int AIN2 = 8;   // 控制电动机 A 的方向

// 电动机 B
int PWMB = 5;   // 控制电动机 B 的速度
int BIN1 = 11;  // 控制电动机 B 的方向
int BIN2 = 12;  // 控制电动机 B 的方向

void setup(){
  pinMode(STBY, OUTPUT);
  pinMode(PWMA, OUTPUT);
  pinMode(AIN1, OUTPUT);
  pinMode(AIN2, OUTPUT);
  pinMode(PWMB, OUTPUT);
```

```
    pinMode(BIN1, OUTPUT);
    pinMode(BIN2, OUTPUT);
}

void loop(){
    move(1, 255, 1);      // 电动机 A 全速正转
    move(2, 255, 1);      // 电动机 B 全速正转
    delay(1000);
    stop();               // 电动机停止转动
    delay(250);
    move(1, 128, 0);      // 电动机 A 慢速反转
    move(2, 128, 0);      // 电动机 B 慢速反转
    delay(1000);
    stop();
    delay(250);
}

void move(int motor, int speed, int direction){
// 驱动指定电动机按一定的速度和方向转动
// motor 值为 1 时，驱动电动机 A，motor 值为 2 时，驱动电动机 B
// speed 值为 0 时，电动机停止，speed 值为 255 时，电动机全速转动，speed 值为 0～255 时，电动机按
照一定的速度转动
// 转动方向，direction 值为 1 时，电动机反转，direction 值为 0 时，电动机正转

    digitalWrite(STBY, HIGH);

    boolean inPin1 = LOW;
    boolean inPin2 = HIGH;

    if(direction == 1){
        inPin1 = HIGH;
        inPin2 = LOW;
    }

    if(motor == 1){
        digitalWrite(AIN1, inPin1);
        digitalWrite(AIN2, inPin2);
        analogWrite(PWMA, speed);
    }
    else
    {
        digitalWrite(BIN1, inPin1);
        digitalWrite(BIN2, inPin2);
```

```
    analogWrite(PWMB, speed);
  }
}

void stop(){
// enable standby
  digitalWrite(STBY, LOW);
}
```

3）仿真结果

扫描二维码可查看仿真结果。

仿真结果

6.2 步进电动机驱动

6.2.1 步进电动机驱动原理

步进电动机是一种将电脉冲转化为角位移的执行机构，当步进驱动器接收到一个脉冲信号时，它就驱动步进电动机按设定的方向转动一个固定的角度（步进角）。可以通过控制脉冲数来控制角位移量，从而达到准确定位的目的；同时可以通过控制脉冲频率来控制电动机转动的速度和加速度，从而达到调速的目的。步进电动机工作示意图如图 6-15 所示。

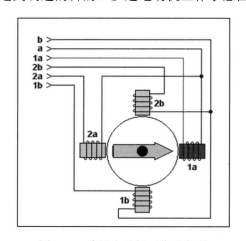

图 6-15　步进电动机工作示意图

6.2.2　ULN2003 驱动步进电动机

1．ULN2003 驱动板简介

ULN2003 驱动板是一个单片高电压、高电流的达林顿管阵列集成电路。它是由 7 对 NPN 达林顿管组成的，它的高电压输出特性和阴极钳位二极管可以转换感应负载。每对达林顿管

集电极电流是 500mA，达林顿管并联可以承受更大的电流。此电路主要应用于继电器驱动器、灯驱动器、显示驱动器（LED 气体放电）、线路驱动器和逻辑缓冲器。ULN2003 驱动板如图 6-16 所示。

ULN2003 驱动板的每对达林顿管都有一个 2.7kΩ 的串联电阻，可以直接和 TTL 或 5V CMOS 装在 5V 的工作电压下。

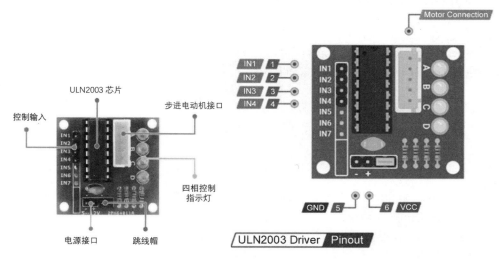

图 6-16　ULN2003 驱动板

2．ULN2003 驱动步进电动机实例

本实例的主要功能是使步进电动机先顺时针缓慢转动，然后逆时针快速转动。使用 Arduino IDE 自带的 Arduino Stepper Library。步进程序库负责执行步进序列，并使其直接控制各种单极和双极步进电动机。

1）硬件电路

电路由 Arduino 开发板、ULN2003 驱动板、步进电动机、电源等组成。ULN2003 驱动板驱动步进电动机如图 6-17 所示。

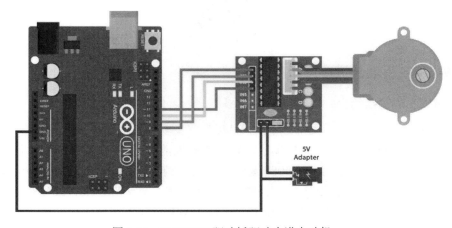

图 6-17　ULN2003 驱动板驱动步进电动机

2）程序代码

```
// Arduino 步进电动机库文件
#include <Stepper.h>

// 定义每次旋转的步数
const int stepsPerRevolution = 2038;

// 创建 stepper 类实例
// 按 IN1-IN3-IN2-IN4 顺序输入，以获得正确的顺序
Stepper myStepper = Stepper(stepsPerRevolution, 8, 10, 9, 11);

void setup() {
    // 库文件中已经进行了初始化
}

void loop() {
    // 顺时针慢速转动
    myStepper.setSpeed(100);
    myStepper.step(stepsPerRevolution);
    delay(1000);

    // 逆时针快速转动
    myStepper.setSpeed(700);
    myStepper.step(-stepsPerRevolution);
    delay(1000);
}
```

3）仿真结果

扫描二维码可查看仿真结果。

仿真结果

6.2.3 A4988 驱动步进电动机

1. A4988 驱动器简介

A4988 是一款带转换器和过流保护的 DMOS 微步驱动器，该产品可在全、半、1/4、1/8 及 1/16 步进模式时操作双极步进电动机，输出驱动性能可达(35 ± 2)V，A4988 包括一个固定关断时间电流稳压器。转换器是 A4988 易于实施的关键。只要在"步进输入"中输入一个脉冲，就可以驱动电动机产生微步，无须进行相位顺序表、高频率控制行或复杂的界面编程。A4988 界面非常适合驱动复杂的较大功率元器件。A4988 模块与扩展板如图 6-18 所示。

A4988 模块

A4988 驱动扩展板

图 6-18 A4988 模块与扩展板

A4988 模块的引脚说明如下。

- ENABLE：使能引脚，若接低电平则模块开始工作，若接高电平则模块关机。
- MS1、MS2、MS3：细分设置，通过这 3 个引脚的高低电平设置细分。细分设置如表 6-4 所示。

表 6-4 细分设置

MS1	MS2	MS3	细　　分
LOW	LOW	LOW	1 细分
HIGH	LOW	LOW	2 细分
LOW	HIGH	LOW	4 细分
HIGH	HIGH	LOW	8 细分
HIGH	HIGH	HIGH	16 细分

- RESET：重置，通常悬空。
- SLEEP：睡眠，若接低电平则电动机断电，用手拧可以自由转动；若接高电平则电动机上电，用手拧不动。
- STEP：脉冲输入，往这个脚输入一个方波，电动机转动一步，也就是（1.8/16）°（以 1.8°电动机，16 细分为例），往这个脚持续输入方波，电动机持续转动。
- DIR：方向控制，低电平正转，高电平反转。
- GND：地线，两个 GND 都是一样的，要连在一起接到地线。
- VDD：数字电源，数字电路部分的电源，为 3.3V 或 5V，如果这里是 3.3V，那么之前说的高电平就是 3.3V，低电平就是 0V；如果这里是 5V，那么之前说的高电平就是 5V，低电平就是 0V。
- 1A、1B、2A、2B：接电动机的 1A、1B、2A、2B。
- VMOT：功率电源，范围为 8～35V，给电动机转动提供能源，因此需要较高的电压并有能力输出大的电流。

2．A4988 驱动步进电动机实例

1）硬件电路

硬件电路由 Arduino 开发板、A4988 驱动器、步进电动机、电源、电容等组成，A4988 驱动步进电动机电路连接图如图 6-19 所示。

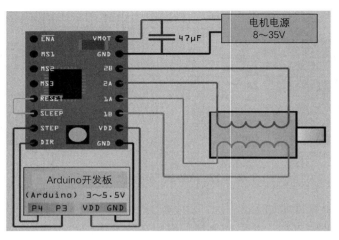

图 6-19　A4988 驱动步进电动机电路连接图

2）程序代码

```
const int stepPin = 3;
const int dirPin = 4;

void setup() {
  // 将 2 个引脚设置为输出模式
  pinMode(stepPin, OUTPUT);
  pinMode(dirPin, OUTPUT);
}
void loop() {
  digitalWrite(dirPin, HIGH);      // 电动机沿着一定方向旋转
  // 输入 200 个脉冲转动一圈
  for(int x = 0; x < 200; x++) {
    digitalWrite(stepPin, HIGH);
    delayMicroseconds(500);
    digitalWrite(stepPin, LOW);
    delayMicroseconds(500);
  }
  delay(1000); // 延时 1s

  digitalWrite(dirPin, LOW);        // 改变旋转方向
  // 输入 400 个脉冲转动 2 圈
  for(int x = 0; x < 400; x++) {
    digitalWrite(stepPin, HIGH);
    delayMicroseconds(500);
    digitalWrite(stepPin, LOW);
    delayMicroseconds(500);
  }
  delay(1000);
}
```

3）仿真结果

扫描二维码可查看仿真结果。

仿真结果

6.3　舵机驱动

前面提到步进电动机只能得到相对角度，如果需要控制绝对的转动角度，那么该怎么办呢？有一个非常简单的设备，称为舵机，它是遥控飞机和机器人中的主要角色。利用舵机可以控制飞机舵面的变化，也可以调整机器人步行的动作。

6.3.1　Arduino 引脚直接驱动舵机

1. 舵机及其基本原理

舵机是一种位置（角度）伺服的驱动器，适用于需要角度不断变化并可以保持的控制系统。目前在高档遥控玩具、航模、机器人中已经得到普遍使用。舵机是一种俗称，其实是一种伺服马达。舵机如图 6-20 所示。

图 6-20　舵机

舵机内部有一个基准电路，产生周期为 20ms、宽度为 1.5ms 的基准信号，将获得的直流偏置电压与电位器的电压进行比较，获得电压差输出。先经过电路板 IC 方向判断，再驱动无核心马达开始转动，通过减速齿轮将动力传至摆臂，同时由位置检测器送回信号，判断是否已经到位。

舵机转动的角度是通过调节 PWM 脉冲宽度调制信号的占空比来实现的。标准的 PWM 信号的周期固定为 20ms，理论上脉宽分布范围应该为 1～2ms，实际可为 0.5～2.5ms，脉宽与转角 0°～180°相对应。不同厂家、不同型号的舵机也会有所差异。PWM 脉冲宽度与舵机转动角度关系如图 6-21 所示。

舵机一般是 3 根线，红色为电源线（+5V），黄色为信号线（接 Arduino 开发板 PWM 输入引脚），黑色接地（GND）。舵机引脚定义如图 6-22 所示。

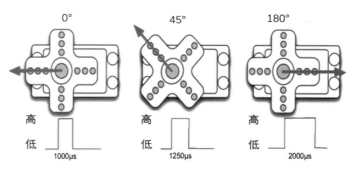

图 6-21　PWM 脉冲宽度与舵机转动角度关系

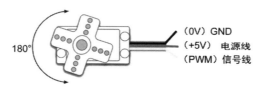

图 6-22　舵机引脚定义

彩色图

2．舵机控制实例

1）硬件电路

利用 Arduino 直接驱动舵机线路连接非常简单，舵机有 3 根线，棕色接地，红色接电源正极，橙色为信号线，但不同牌子的舵机，线的颜色可能不同。Arduino 引脚直接驱动舵机连接图如图 6-23 所示。

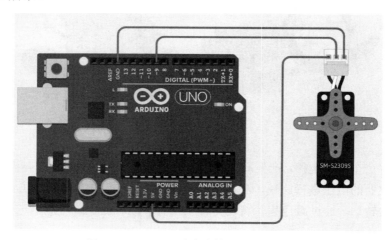

图 6-23　Arduino 引脚直接驱动舵机连接图

Servo 库常用函数如下。

attach()——用于设定舵机接口。

write()——用于设定舵机旋转的角度，可设定范围为 0°～180°。

read()——用于读取舵机角度的语句，可理解为读取最后一条 write()命令中的值。

2）程序代码

```
#include <Servo.h>
Servo myservo;                  // 创建一个舵机控制对象
int pos = 0;                    // 角度存储变量

void setup() {
  myservo.attach(9);            // 控制线连接数字 9
}

void loop() {
  for (pos = 0; pos <= 180; pos ++) { // 从 0°转动到 180°
    // 每步增加 1°
    myservo.write(pos);         // 舵机角度写入
    delay(5);                   // 等待转动到指定角度
  }
  for (pos = 180; pos >= 0; pos --) { // 从 180°转动到 0°
    myservo.write(pos);         // 舵机角度写入
    delay(5);                   // 等待转动到指定角度
  }
}
```

3）仿真结果

扫描二维码可查看仿真结果。

仿真结果

6.3.2　幻尔科技 LSC-16 舵机控制板驱动舵机

1. 幻尔科技 LSC-16 舵机控制板简介

用 Arduino 类库驱动舵机并不是一件难事，但如果需要驱动很多电动机，那么需要占用更多的引脚，也会影响到 Arduino 的处理能力。专门的舵机控制板很好地解决了这个问题，LSC-16 舵机控制板就是其中应用比较广泛的一种。LSC-16 舵机控制板各模块如图 6-24 所示。

2. 幻尔科技 LSC-16 舵机控制板驱动舵机实例

1）硬件电路

Arduino 开发板与 LSC-16 舵机控制板接线图如图 6-25 所示。

2）上位机操作

通用总线舵机上位软件 Bus Servo Control 是深圳幻尔科技有限公司为其旗下产品开发的一款通用总线舵机设置软件，它可以兼容深圳幻尔科技有限公司旗下所有涉及总线舵机的产品，具有软件界面简洁明了、操作简单、设置便捷等诸多优点，是一款优秀的工具软件。Bus Servo Control（V3.0）上位机操作界面如图 6-26 所示。

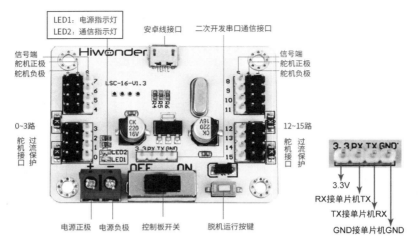

图 6-24　LSC-16 舵机控制板各模块

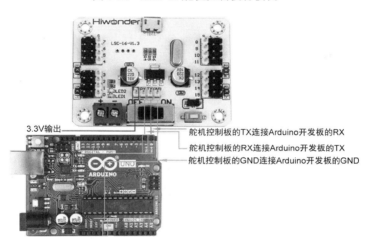

图 6-25　Arduino 开发板与 LSC-16 舵机控制板接线图

图 6-26　Bus Servo Control（V3.0）上位机操作界面

舵机调试界面如图 6-27 所示。

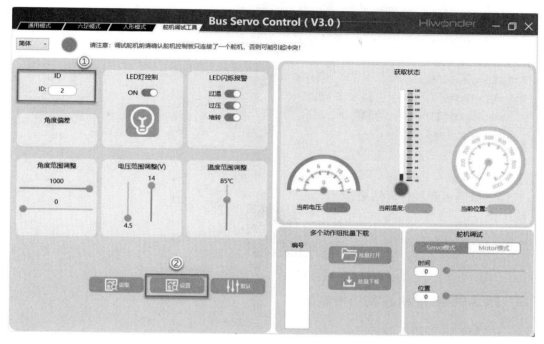

图 6-27　舵机调试界面

形成动作组之后，可以单击"更新动作"按钮，在线运行所编的动作，确认无问题后，保存动作文件。接下来将动作组下载到舵机控制板上：首先选择动作组序号，然后单击"下载"按钮，下载完成后机器人发出"哔"声提醒，上位机弹出"下载成功"提示框，单击"确定"按钮，关闭提示框即可完成动作组下载。

3）串口通信

连接舵机控制板和 Arduino 开发板，舵机控制板的 TX 连接 Arduino 开发板的 RX，舵机控制板的 RX 连接 Arduino 开发板的 TX，舵机控制板的 GND 连接 Arduino 开发板的 GND。串口通信的波特率设置为 9600bit/s。具体通信代码参见舵机控制板通信协议。

举例：

（1）控制 8 号动作组运行 1 次。

```
0x55 0x55 0x05 0x06 0x08 0x01 0x00
```

（2）控制 2 号动作组运行无数次。

```
0x55 0x55 0x05 0x06 0x02 0x00 0x00
```

4）程序代码

```
void setup()              // 初始化设置
{
    Serial.begin(9600);   // 串口初始化波特率为 9600bit/s
}
```

```
void loop()                    // 死循环运行
{
    Serial.write(0x55);
    Serial.write(0x55);
    Serial.write(0x05);
    Serial.write(0x06);
    Serial.write(编号);        // 输入动作组编号
    Serial.write(次数);        // 输入执行次数
    Serial.write(0x00);
}
```

5）仿真结果

扫描二维码可查看仿真结果。

仿真结果

6.3.3 PCA9685 舵机控制板控制舵机

1．PCA9685 舵机控制板简介

PCA9685 舵机控制板如图 6-28 所示。PCA9685 舵机控制板使用 PCA9685 芯片，是通过 16 通道 12 位 PWM 舵机控制的，用两个引脚通过 I²C 就可以控制 16 个舵机。不仅如此，还可以通过级联的方式最多级联 62 个控制板，总共可以控制 992 个舵机。

图 6-28　PCA9685 舵机控制板

2．PCA9685 舵机控制实例

1）硬件电路

Arduino 开发板与 PCA9685 舵机控制板接线图如图 6-29 所示。

2）软件设置

（1）Adafruit 库安装。

使用 Arduino 的好处之一是有丰富的库支持。PCA9685 模块也有对应的库可以使用，这是一个外部库，由 Adafruit 提供。

（2）选择"工具"→"管理库"命令。"管理库"命令如图 6-30 所示。

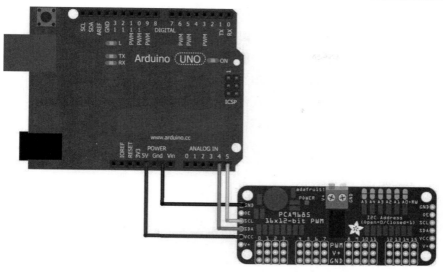

图 6-29　Arduino 开发板与 PCA9685 舵机控制板接线图

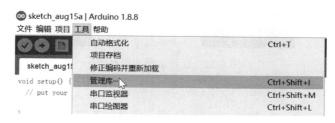

图 6-30　"管理库"命令

（3）搜索 adafruit pwm。搜索 adafruit pwm 界面如图 6-31 所示。

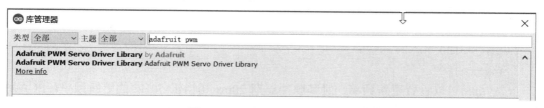

图 6-31　搜索 adafruit pwm 界面

（4）单击"安装"按钮。单击"安装"按钮界面如图 6-32 所示。

图 6-32　单击"安装"按钮界面

（5）选择"文件"→"示例"→"Adafruit PWM Servo Driver Libraries"→"servo"命令打开示例文件。打开示例文件界面如图 6-33 所示。

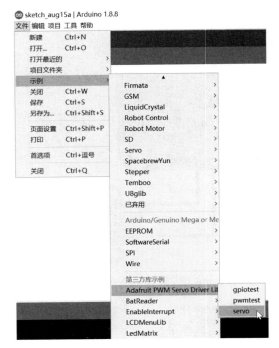

图 6-33　打开示例文件界面

3）程序代码

舵机的控制一般需要一个 20ms 的时基脉冲，该脉冲的高电平部分一般为 0.5～2.5ms 范围内的角度控制脉冲部分。以 180°角度舵机为例，对应的控制关系如下。

0.5ms——0°。

1.0ms——45°。

1.5ms——90°。

2.0ms——135°。

2.5ms——180°。

PCA9685 可以设置更新频率，时基脉冲周期 20ms 相当于 50Hz 的更新频率。PCA9685 采用 12 位的寄存器来控制 PWM 占比，对于 0.5ms，相当于 $0.5/20 \times 4096 = 102$。

寄存器值以此类推如下。

0.5ms——0°，$0.5/20 \times 4096 = 102$。

1.0ms——45°，$1/20 \times 4096 = 205$。

1.5ms——90°，$1.5/20 \times 4096 = 307$。

2.0ms——135°，$2/20 \times 4096 = 410$。

2.5ms——180°，$2.5/20 \times 4096 = 512$。

但在实际使用时，仍有偏差，除了 0°及 180°，其他角度需要乘以系数 0.915。最后的寄存器值如下。

0.5ms——0°，$0.5/20 \times 4096 = 102$。

1.0ms——45°，$1/20 \times 4096 \times 0.915 = 205 \times 0.915 = 187$。

1.5ms——90°，1.5/20×4096×0.915 = 307×0.915 = 280。

2.0ms——135°，2/20×4096×0.915 = 410×0.915 = 375。

2.5ms——180°，2.5/20×4096 = 512。

控制程序使用串口通信接收指令，实现 0°、45°、90°、135°、180°共 5 种角度的控制。

```
#include <Wire.h>
#include <Adafruit_PWMSerzoDriver.h>

// 默认地址 0x40
Adafruit_PWMServoDriver pwm = Adafruit_PWMServoDriver();

#define SERVO_0    102
#define SERVO_45   187
#define SERVO_90   280
#define SERVO_135   373
#define SERVO_180   510
uint8_t servonum = 0;
char comchar;

void setup() {
  Serial.begin(9600);
  Serial.println("8 channel Servo test!");

  pwm.begin();
  pwm.setPWMFreq(50);           // 50Hz 的更新频率，相当于 20ms 的周期

  delay(10);
}

void loop() {
    while(Serial.available()>0){
    comchar = Serial.read();        // 读串口第 1 字节
    switch(comchar)
    {
      case '0':
      pwm.setPWM(0, 0, SERVO_0);
      Serial.write(comchar);
      break;
      case '1':
      pwm.setPWM(0, 0, SERVO_45);
      Serial.write(comchar);
      break;
      case '2':
      pwm.setPWM(0, 0, SERVO_90);
```

```
        Serial.write(comchar);
        break;
        case '3':
        pwm.setPWM(0, 0, SERVO_135);
        Serial.write(comchar);
        break;
        case '4':
        pwm.setPWM(0, 0, SERVO_180);
        Serial.write(comchar);
        break;
        default:
        Serial.write(comchar);
        break;
        }
    }
}
```

4）仿真结果

扫描二维码可查看仿真结果。

仿真结果

练习

1. 什么是 H 桥？H 桥驱动电动机的原理是什么？
2. 直流电动机驱动板有哪些？
3. L298N 和 TB6612FNG 各有什么优缺点？
4. 步进电动机的工作原理是什么？
5. 什么是舵机？工作原理是什么？

第7章 图形图像处理模块

在一些电子设备、机器人等创意产品制作时，可能普通的传感器（如超声波传感器、温度传感器、压力传感器、霍尔传感器、红外传感器等）无法达到检测要求，这时就需要一些更高级、获取数据更多的进阶传感器，摄像头就是其中之一。通过摄像头获取图像，可以得到很多信息，如颜色、形状、目标相对位置等。这些检测数据，通过一些计算，可以实现更为丰富的功能，有更多的拓展空间，如颜色检测、人脸识别、眼球跟踪、边缘检测、标志跟踪等。这些功能可以用到很多创意产品上。比如，可以给自己的机器人提供周边环境感知能力；给智能车增加视觉导航功能；给智能玩具增加识别人脸功能，提高趣味性；甚至可以用于工厂生产线的残次品筛选等。

实际上一般摄像头得到的数据其实仅仅是一个数组，对于非专业人士要实现上述丰富的功能还有一定难度，有鉴于此，一些公司针对有一定单片机基础和编程基础的人群开发制作了使用相对简单的图形图像处理模块，如 OpenMV、HuskyLens、Pixy2 等。这些模块本身内置了一些图像处理算法，搭配的各种例程也非常详尽，很容易进行一个相对中低端的机器视觉操作。它们最大的优势是只要有一点编程基础，就非常容易上手，特别是 OpenMV，可以说是"图像处理界的 Arduino"。

这些图像处理模块学习起来比较方便，成本也较低，为机器视觉入门提供了"捷径"，但由于各方面因素的影响，模块的摄像头像素、图像处理能力等受到制约，整体而言性能有限，在需要处理更复杂、实时性要求更高的场合下，就略显不足了。可以通过采用处理性能强劲的处理器，加上高像素的摄像头及成熟的计算机视觉库，来完成更复杂的图像处理和计算机视觉任务。目前使用最多的计算机视觉库为 OpenCV（Open Source Computer Vision Library），这是一个基于开源发行的跨平台计算机视觉库，它实现了图像处理和计算机视觉方面的很多通用算法，已成为计算机视觉领域最有力的研究工具。应用领域主要有人机互动、物体识别、图像分割、人脸识别、动作识别、运动跟踪、机器人、运动分析、机器视觉、结构分析、汽车安全驾驶等。

本章将先简单介绍图像的基本知识，然后分别以 OpenMV 机器视觉模块和在树莓派上搭载 OpenCV 计算机视觉库两种方式，介绍如何在机器人等创意产品上实现形状识别、颜色识别、二维码识别等功能。

7.1 图像的基本知识

7.1.1 图像的存储形式

数字化图像数据有两种存储方式：位图存储（Bitmap）和矢量存储（Vector）。位图图像又称点阵图像、位映射图像，它是由一系列像素组成的可识别的图像。矢量图像不直接描述图像数据的每一个点，而是描述产生这些点的过程及方法，通过数学方程来对图像的边线和内部填充描述以建立图像。实际图像处理和计算机视觉任务以位图存储方式为基础，下面以位图为例，介绍其在计算机中的存储及表示方式。

位图图像分为灰度图和彩色图。

1. 灰度图

把白色与黑色之间按对数关系分为若干等级，称为灰度。灰度分为 256 阶，用灰度表示的图像称作灰度图。图 7-1 所示为数字"8"的图像及其放大的图像。仔细观察放大的图像，会发现图像变得失真，并且可以在该图像上看到一些小方框。

图 7-1　数字 8 的图像及其放大的图像

这些小方框称为像素（Pixels）。经常使用的图像维度是 $x \times y$。这实际上是什么意思呢？这意味着图像的尺寸就是图像的高度（x）和宽度（y）上的像素数，也称分辨率。在计算机上存储的图片或者网页上的图片，使用鼠标右击图片并找到属性栏，就可以看到图片的分辨率。

高度为 24 像素，宽度为 16 像素的图像尺寸为 24×16，计算机以数字的形式存储图像，这些像素中的每一个都表示为数值，而这些数值称为像素值，这些像素值表示像素的强度。对于灰度或黑白图像，像素值范围是 0～255。接近零的较小数字表示较深的阴影，而接近 255 的较大数字表示较浅或白色的阴影。灰度图像素表示方法如图 7-2 所示。

对于任意一个肉眼可见的图像，在用相机镜头拍摄下存储至计算机后，就不再是肉眼可见的形式了，而是在计算机内部的处理下，形成的由一个个像素值组成的数字矩阵，该矩阵也称通道（Channel）。

图 7-2　灰度图像素表示方法

2. 彩色图

图 7-3 所示为一幅彩色图。彩色图是如何存储在计算机上的呢？通过之前的学习可知灰度图是如何存储在计算机中的，那么彩色图的存储是否能用类似的方法实现呢？

图 7-3　一幅彩色图　　　　彩色图

如图 7-3 所示，该图像由许多颜色组成，人的视觉神经对红色、绿色和蓝色 3 种颜色最敏感，因此几乎所有颜色都可以由三原色（红色、绿色和蓝色）生成。也可以说每个彩色图都是由这 3 种颜色或 3 个通道（红色、绿色和蓝色）组成的。彩色的三原色叠加如图 7-4 所示。

图 7-4　彩色的三原色叠加　　　　彩色图

这意味着在彩色图中，可以用更多数量的矩阵（或通道）进行存储。这里用 3 个矩阵，1 个为红色（Red）的矩阵，称为红色通道；1 个为绿色（Green）的矩阵，称为绿色通道；1 个为蓝色（Blue）的矩阵，称为蓝色通道。三原色矩阵图如图 7-5 所示。

141	142	143	144	145
151	152	153	154	155
161	162	163	164	165
171	172	173	174	175
181	182	183	184	185
191	192	193	194	195

R

35	36	37	38	39
45	46	47	48	49
55	56	57	58	59
65	66	67	68	69
75	76	77	78	79
85	86	87	88	89

G

31	32	33	34	35
41	42	43	44	45
51	52	53	54	55
61	62	63	64	65
71	72	73	74	75
81	82	83	84	85

B

图 7-5　三原色矩阵图

每个通道对应的这些像素都具有 0～255 的值，其中每个数字代表像素的强度，或者可以说红色、绿色和蓝色的阴影。这样当图像存储在计算机中时，所有这些通道（或矩阵）叠加在一起，就成了 $N×M×3$ 的三维矩阵，其中 N 是整个图像高度上的像素数，M 是整个图像宽度上的像素数，3 表示通道数，分别为 R、G 和 B。如图 7-5 所示，彩色图的形状是"6×5×3"，因为在高度上有 6 个像素，在宽度上有 5 个像素，并且存在 3 个通道。彩色图的像素通道如图 7-6 所示。

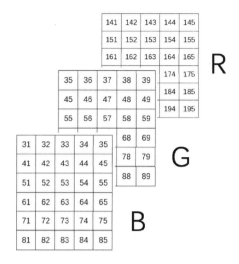

图 7-6　彩色图的像素通道

7.1.2　图像的颜色模型

平时见到的颜色，如苹果的红色、天空的蓝色、草的绿色，其实都是在一定条件下才呈现出的色彩。这些条件，主要可以归纳为 3 项，就是光线、物体反射和眼睛。光和色彩是并存的，没有光，就没有色彩，可以说，色彩就是光线到眼内产生的知觉。三原色的原理不是物理原因，而是人的生理原因造成的。

当提到一只棕黄的大狗时，对于棕黄这种色彩的理解很大程度上取决于个人感觉，但对于计算机而言则无法理解，必须创造一种确切的描述方法以便使计算机能够识别每种色彩。颜色模型就是将颜色翻译成数字表达的方法，是某个三维颜色空间中的一个可见光子集，它包含某个色彩域的所有色彩。一般而言，任何一个色彩域都只是可见光的子集，任何一个颜色模型都无法包含所有的可见光。常见的颜色模型主要分为两类：面向硬件设备的颜色模型（RGB、CMYK、YCrCb）和面向视觉感知的颜色模型（HSL、HSV、HSI、Lab）。下面主要介绍 3 种最为常用的颜色模型，分别是 RGB 颜色模型、HSV 颜色模型和 Lab 颜色模型。

1．RGB 颜色模型

RGB 颜色模型是将红、绿、蓝 3 种不同颜色，根据不同的亮度配比进行混合，从而表现出不同的颜色。由于在实现上使用了 3 种颜色的定量配比，因此该模型也称为加色混色模型。RGB 颜色模型通过 3 种最基本颜色的混合叠加来表现出任意一种颜色，特别适用于显示器等主动发光的设备，但 RGB 颜色模型的展现依赖于设备的颜色空间，不同设备对 RGB 颜色值的检测不尽相同，表现出来的效果也存在差异。这也就导致有些手机屏幕颜色特别逼真、绚丽，而有些就难以令人满意。

图 7-7 所示为 RGB 三原色卡及其颜色模型，这是一个立方体结构，在该几何空间中，3 个坐标轴分别代表了 3 种颜色。从理论上讲，任何一种颜色都包含在该立方体结构中。

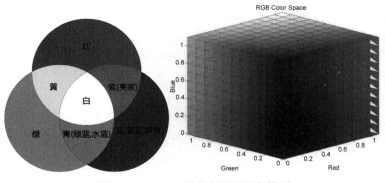

图 7-7　RGB 三原色卡及其颜色模型

彩色图

采用 RGB 颜色模式的彩色图片为三通道图，Red、Green、Blue 三原色，按不同比例相加，一个像素块对应矩阵中的一个向量，如[24, 180, 50]，分别表示 3 种颜色的比例，即对应深度上的数字。需要注意的是，由于历史遗留问题，OpenCV 采用 BGR 模式，而不是 RGB 模式。图 7-8 所示为 RGB 颜色模型的数学表示。

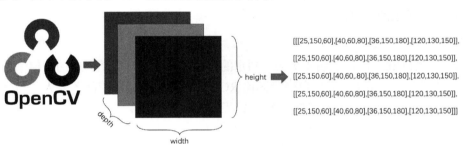

图 7-8　RGB 颜色模型的数学表示

彩色图

2. HSV 颜色模型

HSV 颜色模型是一种采用色调（H）、饱和度（S）、明度（V）这 3 个参数来表示颜色的一种方式。它是根据颜色的直观特征由 A.R.Smith 于 1978 年创建的一种颜色模型。该颜色模型的结构在几何形态上呈现椎体结构。图 7-9 所示为 HSV 颜色模型。

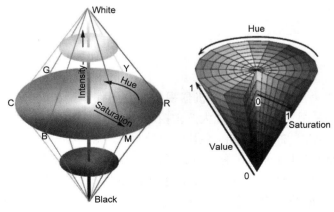

图 7-9　HSV 颜色模型

彩色图

下面分别介绍 HSV 颜色模型的各个参数。

（1）色调（Hue）。

色调以角度的形式进行度量，其取值角度范围是[0,360]。红色、绿色、蓝色 3 种颜色以逆时针方向进行排列。例如，红色的位置为 0°，绿色的位置为 120°，蓝色的位置为 240°。

（2）饱和度（Saturation）。

饱和度反映了某种颜色接近光谱色的程度。某一种颜色是由光谱色与白色光的混合结果，如果某种颜色中白色的成分越少，那么该种颜色越接近光谱色，表现出来的效果就是该种颜色暗且鲜艳，此时饱和度更高。反之，低饱和度的颜色中白色成分越多，颜色越趋向白色，且艳丽程度下降。也就是说，饱和度反映了某种颜色中白色成分的多少，可以用 0～100% 来表示，数值越高，饱和度越高，光谱色的成分越多。

（3）明度（Value）。

明度表现了某种颜色的明亮程度，可以视为一种由光线强弱产生的视觉体验。若颜色越明亮则明度值越高，反之则越低。例如，将深紫色和桃红色两种颜色进行对比，深紫色的颜色更加晦暗，而桃红色更加明亮，可知桃红色的明度要比深紫色的高。同样也可以使用百分比的形式来表示某种颜色的明度。

3. Lab 颜色模型

Lab 颜色模型是由 CIE（国际照明委员会）制定的一种色彩模式。自然界中的任何颜色都可以在 Lab 颜色模型中表达出来，它的色彩空间比 RGB 颜色模型的色彩空间还要大。另外，这种颜色模型以数字化方式来描述人的视觉感应，与设备无关，所以它弥补了 RGB 颜色模型和 CMYK 颜色模型必须依赖设备色彩特性的不足。

Lab 颜色模型如图 7-10 所示。由于 Lab 颜色模型的色彩空间要比 RGB 颜色模型和 CMYK 颜色模型的色彩空间大，因此 RGB 颜色模型与 CMYK 颜色模型所能描述的色彩信息在 Lab 空间中都能得以影射。Lab 颜色模型取坐标 Lab，其中 L 代表亮度；a 的正数代表红色，负端代表绿色；b 的正数代表黄色，负端代表蓝色。

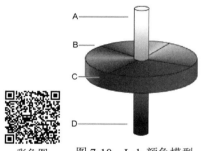

彩色图　　图 7-10　Lab 颜色模型

7.2　OpenMV 及其视觉模块

7.2.1　OpenMV 概述

OpenMV 是一款简单易用且高性价比的机器视觉开发组件，最新型号为 OpenMV H7 Plus，如图 7-11 所示。其采用了性能非常强大的主控芯片 STM32H743II（STM32H743II 参数：480MHz 主频、1MB RAM、2MB Flash、色块追踪帧率可达 85～90 帧），以及感光元器件 OV5640，其规格参数表如表 7-1 所示。其采用高级语言 Python 脚本（准确说是 MicroPython）进行编程，可调用封装好的图像处理函数，方便地处理复杂的机器视觉算法，同时内置丰富的图像处理算法应用，包含滤波、颜色追踪、AptilTag、二维码、条形码、人脸检测、人眼追踪（瞳孔识别）、直线检测、圆形检测、矩形检测、数字检测、线性回归-巡线、模板匹配、特征点追踪、光流、边缘检测、录制视频、MAVLink 等，可以方便地应用于追踪云台、自动追球车、巡线车、自动追踪四旋翼等项目。

图 7-11　OpenMV4 H7 Plus

表 7-1　OpenMV4 H7 Plus 规格参数表

处理器	ARM® 32-bit Cortex®-M7 CPU w/ Double Precision FPU 480 MHz (1027 DMIPS) Core Mark Score: 2400 (compare w/ Raspberry Pi 2: 2340)
内存布局	256KB .DATA/.BSS/Heap/Stack 32MB Frame Buffer/Stack 512KB SDRAM Cache 256 KB DMA Buffers
闪存布局	128KB Bootloader 16MB Embedded Flash Drive 1792KB Firmware
支持的图像格式	Grayscale RGB565 JPEG (and BAYER/YUV422)
支持的最大像素	Grayscale: 2952×1944 (5MP) and under RGB565: 2952×1944 (5MP) and under Grayscale JPEG: 2952×1944 (5MP) and under RGB565 JPEG: 2952×1944 (5MP) and under
镜头信息	焦距：2.8mm 光圈：F2.0 尺寸：1/3″ HFOV = 70.8°, VFOV = 55.6° 安装螺栓：M12×0.5 红外滤光片（截断红外光）：650nm（可拆卸）
电气信息	所有引脚均可承受 5V 电压，输出电压为 3.3V。所有引脚都可以提供最高 25mA 的电流。在 ADC 或 DAC 模式下，P6 不能承受 5V 电压。引脚总共可提供最高 120mA 的电流。输入电压可以为 3.6～5V。不要从 OpenMV 的 3.3V 引脚输出超过 250mA 的电流

1．OpenMV4 H7 Plus 的 I/O 引脚及相关性能

OpenMV4 H7 Plus 的 I/O 引脚如图 7-12 所示。

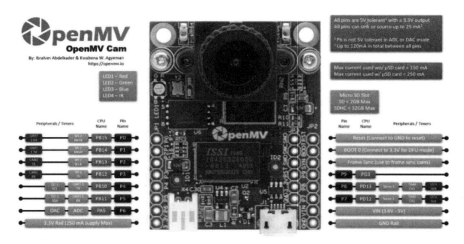

图 7-12　OpenMV4 H7 Plus 的 I/O 引脚

STM32H743II ARM Cortex M7 处理器，480MHz 主频，1MB RAM，2MB Flash。所有 I/O 引脚输出 3.3V 并且兼容 5V。该处理器有以下 I/O 引脚。

全速 USB（12Mbit/s）接口，连接到计算机。当插入 OpenMV 摄像头后，计算机会出现 1 个虚拟 COM 端口和 1 个"U 盘"。

Micro SD 卡槽，拥有 100Mbit/s 的读写速率，允许 OpenMV 摄像头录制视频，可以把机器视觉的素材从 Micro SD 卡提取出来。

1 个高达 100Mbit/s 速率的 SPI 总线，可以把简单的图像流数据传给 LCD 扩展板、Wi-Fi 扩展板或者其他控制器。

1 个 I²C 总线、1 个 CAN 总线和 2 个异步串口总线（TX/RX），用来连接其他控制器或者传感器。

1 个 12 位模/数转换器和 1 个 12 位数/模转换器。

2 个 I/O 引脚用于控制舵机。

所有的 I/O 引脚都可以用于中断和 PWM（控制板上有 10 个 I/O 引脚）。

1 个 RGB LED（三色），2 个高亮的 850nm IR LED（红外）。

32 MB 外置的 32-bit SDRAM，100 MHz 的时钟，可达到 400 MB/s 的带宽。

32 MB 外置的 Quad SPI Flash，100 MHz 的时钟，4-bit DDR 模式可达到 100 MB/s 的带宽。

可拆卸的摄像头模块系统，允许 OpenMV H7 Plus 与不同的感光元器件模组连接。

OpenMV4 H7 Plus 默认配置的 OV5640 感光元器件处理 2592×1944（5MP）图像。在 QVGA（320×240）及以下的分辨率时，大多数简单的算法可以运行 25～50fps。

OpenMV 具有 1 个标准 M12 镜头底座，其上装有一个 2.8mm 焦距的镜头。

对于专业的机器视觉应用，可以采用全局快门摄像头模组 MT9V034。

对于红外热成像机器视觉应用，可以采用 FLIR Lepton 红外热成像模组。

2．OpenMV 的应用领域

OpenMV 摄像头的主要应用领域如下。

（1）帧差分算法。

OpenMV 上的帧差分算法可用于查看场景中的运动情况。通过采用帧差分算法可以将 OpenMV 应用于安全监控领域。

（2）颜色追踪。

OpenMV 可以在图像中同时检测多达 16 种颜色（实际应用一般不超过 4 种），并且每种颜色都可以有任意数量的不同的色块。OpenMV 可以追踪每个色块的位置、大小、中心和方向。通过采用颜色跟踪，OpenMV 可以进行编程，以进行相应的目标跟踪。

（3）标记跟踪。

OpenMV 可以用来检测颜色组的颜色，而不是单独的颜色，也可以在对象上放置颜色标签（2 种或多种颜色组成），以获取标签对象的内容。

（4）人脸检测。

OpenMV 可以处理 Haar 模板，进行通用对象检测，并配有内置的 Frontal Face 模板和 Eye Haar 模板检测人脸和眼睛，方便地实现人脸检测及识别。

（5）眼动跟踪。

OpenMV 可以通过眼动跟踪来检测某人的注视方向，通过它可以检测瞳孔的位置，甚至眼动控制机器人。

（6）人员检测。

OpenMV 使用内置的人检测器（TensorFlow Lite 模型）检测视野中是否有人。

（7）光流。

OpenMV 可通过光流技术来确保四旋翼在空中的稳定性。

（8）二维码检测/解码。

OpenMV 可以通过 QR 码检测/解码，使智能机器人能够读取环境中的标签。

（9）矩阵码检测/解码。

OpenMV 可以检测和解码矩阵码（2D 条形码 Data Matrix）。

（10）条形码解码。

OpenMV 可以处理 1D 条形码。它可以解码 EAN2、EAN5、EAN8、UPCE、ISBN10、UPCA、EAN13、ISBN13、I25、DATABAR、DARABAR_EXP、CODABAR、CODE39、CODE93 和 CODE128。

（11）标记跟踪。

OpenMV 可以追踪 AprilTags。

（12）直线检测。

OpenMV 可以在几乎满帧率的情况下，快速完成无限长的直线检测，而且可以找到非无限长的线段。

（13）圆形检测。

OpenMV 可以很方便地检测图像中的圆形。

（14）矩形检测。

OpenMV 可以检测矩形，它使用了 AprilTag 库中的方形检测代码。

（15）模板匹配。

OpenMV 可以利用模板匹配来检测视野中是否有与模板相似的图片。例如，它可以使用模板匹配来查找 PCB 上的标记，或读取显示器上的已知数字。

（16）图像捕获。

OpenMV 可以捕获 640×480 分辨率的图像，也可以直接在 Python 脚本中控制如何捕获图像，还可以使用机器视觉的算法绘制直线、字符并保存。

（17）视频录制。

OpenMV 摄像机可以记录 640×480 分辨率的图像或 GIF 图像，也可以在 Python 脚本中直接控制每个视频帧的记录，并完全控制视频录制的开始和结束，还可以使用机器视觉的算法进行直线、字符的绘制。

所有上述功能都可以通过对 I/O 引脚的控制，配合自定义应用，以实现与现实世界交互。

7.2.2　硬件设置

在将 OpenMV 连接到计算机之前，需要用不会留下股线的布料（如用于清洁眼镜的超细纤维布）和异丙醇先清洁感光元器件。具体清洁步骤如下。

（1）使用螺丝刀从 OpenMV 的镜头底座上卸下两个镜头安装螺栓。

（2）在布料上涂一些异丙醇。

（3）轻轻擦拭感光元器件。感光元器件上的任何污垢斑点都会被捕捉到图像上，所以需要将其表面清理干净。

（4）清洁感光元器件后，确保异丙醇已经完全挥发，并且没有布料留下。

（5）使用螺丝刀重新安装镜头底座。

先使用 USB 数据线将 OpenMV 连接到计算机，然后启动 OpenMV IDE。可看到有关安装驱动程序的通知，待 Windows 完成驱动程序安装后，系统中 OpenMV 的 USB 闪存驱动器出现，且 OpenMV 上的蓝色指示灯闪烁，尝试单击 OpenMV IDE 中的"连接"（OpenMV IDE 左下角）按钮进行连接，此时 OpenMV IDE 会自动连接到 OpenMV。如果在 OpenMV 连接到计算机后没有看到绿色指示灯闪烁，那么可以进入 DFU 模式重新烧录 OpenMV 固件。如果仅看到绿灯，但没有 USB 闪存驱动器出现，那么仍可以进入 DFU 模式烧录 OpenMV 固件。

单击 OpenMV IDE 中的绿色"运行"按钮（OpenMV IDE 左下角），运行 OpenMV IDE 的脚本 hello_world.py。该脚本将 OpenMV 变成网络摄像头，展示摄像头所拍摄的内容。如果是第一次运行 OpenMV，那么镜头需要对焦，执行以下操作。

（1）松开锁焦环，并且可以轻松拧动镜头。

（2）将镜头旋入，直到图像在 OpenMV IDE 的帧缓冲区中清晰为止。

（3）拧紧锁焦环，以防镜头移动。

7.2.3　OpenMV IDE 概述

OpenMV IDE 是 OpenMV 用来编程的工具。它具有一个由 QtCreator 支持的功能强大的文本编辑器、帧缓冲区查看器、直方图显示器，以及一个用于 OpenMV 调试输出的集成串行终端。

1.　下载 OpenMV IDE

OpenMV 开发板如同 Arduino 开发板一样，有自己官方的 IDE，可在官网下载，IDE 是由 Qt Creator 编写的，可以跨平台使用，官网提供了 Windows、macOS、Linux ubuntu 32 位和 64 位，以及树莓派的版本，满足各个平台的开发需求，使得其应用更为广泛。进入官网后可以选择需要的版本下载。OpenMV IDE 下载界面如图 7-13 所示。

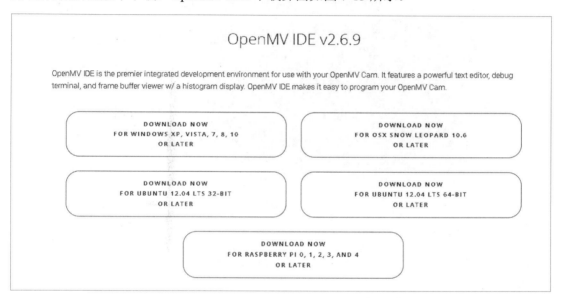

图 7-13　OpenMV IDE 下载界面

OpenMV IDE 安装文件界面如图 7-14 所示。

名称	修改日期	类型	大小
openmv-ide-windows-2.6.9.exe	2021/4/21 16:34	应用程序	121,573 KB

图 7-14　OpenMV IDE 安装文件界面

按照界面提示，便可完成安装。要启动 OpenMV IDE，只需要单击开始菜单中的 OpenMV IDE 快捷方式即可。

2.　文件菜单和示例代码

在 OpenMV IDE 的"文件"菜单下，可以使用所有的标准文本编辑器选项，如新建、打开、保存、另存为、打印等。OpenMV IDE 使用 QtCreator 作为文本编辑器的后端，　实际上支持在多个窗口中打开多个文件，具有水平和垂直分割功能。在"文件"菜单下，有"示例"菜单，其中有大量的程序脚本展示了如何使用 OpenMV IDE 的不同功能。

对于个人程序存储，OpenMV IDE 会在文档文件夹中查找"OpenMV"目录。OpenMV IDE 将在"文件"→"文档文件夹"中显示"OpenMV"文件夹的内容。OpenMV IDE"文件"菜单如图 7-15 所示。

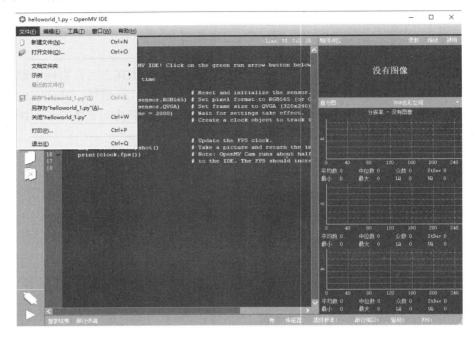

图 7-15　OpenMV IDE"文件"菜单

3．文本编辑器

OpenMV IDE 有一个由 QtCreator 支持的专业文本编辑器，可以对所有打开的文件进行无限次撤销和重做、空格可视化（对于 MicroPython 非常重要）、字体大小的控制及查找和替换等。OpenMV IDE 还提供关键字的自动完成，支持悬停工具提示。因此，在 OpenMV IDE 中用 Python 输入代码时，可以检测即将编写的函数或方法名称，并会显示一个自动完成的文本框。一旦输入了函数/方法的名称，OpenMV IDE 将会引导写入参数。如果将光标悬停在任何关键字上，那么 OpenMV IDE 将在工具提示中显示该关键字的文档。

"编辑"菜单是对编辑区进行操作或设置的，如常用的撤销、重做、剪切、复制、粘贴、缩放、搜索、转行等功能。OpenMV IDE"编辑"菜单如图 7-16 所示。

4．工具部分

工具部分有机器视觉设置等功能，可方便地读取图像 Lab 阈值等。OpenMV IDE"工具"菜单如图 7-17 所示。

5．连接到 OpenMV

通过 USB 数据线将 OpenMV 连接到计算机后，单击图 7-18 左下角的"连接"按钮，即可建立 OpenMV 与计算机的通信。连接到 OpenMV 后，"连接"按钮将被替换为"断开"按钮。可以单击"断开"按钮，断开 OpenMV 与计算机的连接，这将会停止 OpenMV 上正在执行的任何脚本。也可以不断开连接直接从计算机上拔下 OpenMV，而 OpenMV IDE 将检测到并自动断开 OpenMV 与计算机的连接。

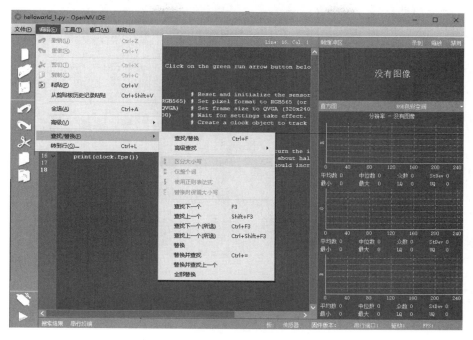

图 7-16　OpenMV IDE "编辑" 菜单

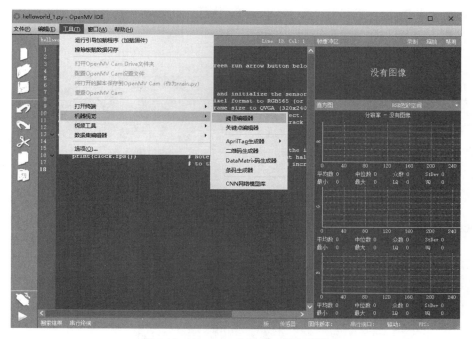

图 7-17　OpenMV IDE "工具" 菜单

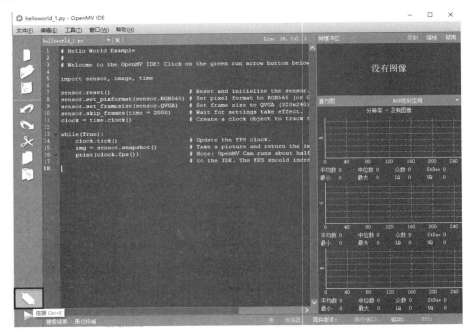

图 7-18　OpenMV 与计算机连接

6．运行脚本

完成编辑代码并准备运行脚本后，只需要单击"运行"按钮即可。该脚本将被发送到 OpenMV 编译成 Python 字节码，并由 OpenMV 执行。OpenMV IDE 运行脚本程序如图 7-19 所示。

图 7-19　OpenMV IDE 运行脚本程序

如果脚本中有错误，那么 OpenMV 将在 terminal 中显示编译错误信息，OpenMV IDE 将自动解析查找错误。当 OpenMV IDE 检测到错误时，它会自动打开错误的文件，并突出显示错误的行，同时显示一个错误消息框。这个功能可以节省大量的程序调试时间。

无论如何，如果想停止脚本，那么只需要单击"停止"按钮（在脚本运行时替换为"运行"按钮）。请注意，由于程序运行结束或编译错误，脚本也会自动停止。无论出现哪种情况，"运行"按钮都会再次出现。

7．FrameBuffer 帧缓冲区查看器

OpenMV IDE 的特别之处在于集成的帧缓冲区查看器，因此可以方便地观察到 OpenMV 正在处理什么。

在调用 sensor.snapshot() 函数时，FrameBuffer 帧缓冲区查看器会显示当前 OpenMV 的帧缓冲区中的内容。需要了解的帧缓冲器查看器如下。

（1）OpenMV IDE 顶部右上角的"录制"按钮记录帧缓冲区中的内容，使用它可以快速录制 OpenMV 镜头所拍摄的视频。录制时，OpenMV IDE 以 30 帧/秒的速率记录 OpenMV IDE 帧缓冲区中的所有内容。录制完成后，OpenMV IDE 将使用 FFMPEG 将录制代码转换为任何想要的文件格式。

（2）OpenMV IDE 顶部右上角的"缩放"按钮控制帧缓冲区查看器的缩放，可以根据需要启用或禁用该功能。

（3）OpenMV IDE 顶部右上角的"禁用"按钮控制 OpenMV 是否会发送图像到 OpenMV IDE，OpenMV 必须不断地将 JPEG 格式的压缩图像传输到 OpenMV IDE，但这会降低 OpenMV IDE 性能。所以，如果想得知程序脚本在 OpenMV 没有连接到计算机情况下的运行速率，那么只需要单击"禁用"按钮即可。当帧缓冲区查看器被禁用时，将无法看到 OpenMV 镜头中的内容，但仍可在串行终端中查看来自 OpenMV 的调试输出。

右击帧缓冲区查看器中的图像，可以将该图像保存到磁盘。此外，如果通过单击并拖动的方式来选择帧缓冲区查看器中的区域，那么可以将该区域保存到磁盘。请注意，在尝试将帧缓冲区查看器中的内容保存到磁盘之前，应该停止运行脚本，否则，可能得不到所需的确切图像。

8．直方图显示

OpenMV IDE 中集成的直方图显示可以用来观察图像的质量。在直方图中可选择 4 个不同的颜色空间：RGB、灰度、Lab 和 YUV，其中 OpenMV 对图像的编程处理只支持灰度和 Lab。无论如何，默认情况下直方图显示整个图像的信息。但是，如果通过单击并拖动帧缓冲区查看器来选择一个区域，那么直方图将只显示该区域中的颜色分布。这种特性使得直方图显示在调试使用 image.find_blobs() 函数和 image.binary() 函数的脚本中，能够快速正确地设置灰度和 Lab 颜色通道。

图像分辨率和在图像上选择的边界框 roi(x,y,w,h) 将显示在直方图的上方。

9．串行终端

单击位于 OpenMV IDE 底部的"串行终端"按钮，将显示串行终端。串行终端内置在主窗口中，与文本编辑窗口分开，更易于使用。

OpenMV 中所有调试文本的输出都将显示在串行终端中。请注意，串行终端不会无限缓冲文本，它将在 RAM 中保留最后一百万行的文本，这足以使用它来缓冲大量的调试输出。此外，如果使用 Windows/Linux 查找快捷键（Ctrl+F）或 macOS 上等效的快捷键，那么可以搜索调试输出。串行终端是足够智能的，查看以前的调试输出非常好用，可自动滚动停止，如果返回到文本输出的底部，那么自动滚动将再次打开。

10．状态栏

在状态栏上，OpenMV IDE 将显示 OpenMV 的固件版本、串行端口、驱动器和 FPS 标签。固件版本标签实际上是一个按钮，如果 OpenMV 的固件已过时，那么可以单击固件版本实现更新。串行端口标签只显示 OpenMV 的串行端口。

11．工具

可以在 OpenMV IDE 的"工具"菜单中找到适用于 OpenMV 的工具，特别是将打开的脚本保存到 OpenMV 和重置 OpenMV 工具，在使用 OpenMV 开发应用程序时非常有用。

（1）使用 OpenMV IDE 的"配置 OpenMV 设置文件"命令将允许修改存储在 OpenMV 中的 .ini 文件，OpenMV 将在启动时针对特定硬件配置进行读取。

（2）"将打开的脚本保存到 OpenMV"命令可以将当前正在查看的任何脚本保存到 OpenMV。此外，它还可以自动清除脚本中的空白和注释，从而占用更少的空间。一旦程序已准备好在没有 OpenMV IDE 的情况下进行部署，就使用此命令。请注意，该命令会将脚本保存在 OpenMV 的 USB 闪存驱动器上。 main.py 是 OpenMV 将在完成启动后运行的脚本。

重置 OpenMV 命令将重置并断开 OpenMV。

12．打开终端

"打开终端"功能允许创建新的串行终端，使用 OpenMV IDE 可以远程调试未连接到计算机的 OpenMV。"打开终端"功能也可以用来调试任何基于 MicroPython 的开发板。

"打开终端"功能可以新建串行端口、tcp 端口或 udp 端口的连接终端。请注意，串行端口可用于无线蓝牙端口。

13．机器视觉

机器视觉子菜单包含许多 OpenMV 的机器视觉工具。例如，可以使用颜色阈值编辑器来获取最佳的颜色跟踪 image.find_blobs() 函数的阈值。

14．视频工具

如果需要压缩由 OpenMV 生成的 .gif 文件或将视频文件转换为 .mp4，那么可以使用转换视频文件功能，或者，如果只想播放这些视频，那么也可以使用播放视频文件功能。

请注意，在播放视频之前，需要先将视频文件从 OpenMV 的闪存驱动器复制到计算机上，因为 OpenMV 的磁盘 I/O 通过 USB 数据线传输，速率相对较低。

FFMPEG 用于提供转换和视频播放支持，可用于转换/播放大量的文件格式。

15．选项

在"工具"菜单下，通过 OpenMV IDE 的选项菜单，可以配置系统语言，进行编辑器的字体、大小、缩放、Tab、自动清理空白、列边距等一系列设置。

7.2.4　脚本结构

进行 OpenMV 编程需要有一定的 Python 语言基础。通过前面的学习已经掌握了一定的 Arduino C 语言编程知识，学习 Python 语言相对容易许多。

Python 脚本有 3 个不同的部分。

```
import ...
...
一次设置 ...
...
while(True): # Loop
...
```

OpenMV 代码的第 1 部分应该包含一些头部注释，并将模块引入代码，最后是代码中的常量和全局变量。

第 2 部分与 Arduino 编程中 setup()函数所做的工作类似，做一次性的设置代码，包括创建 I/O 引脚对象、设置摄像头、定义辅助函数等。

第 3 部分创建一个 while(True)循环（与 Arduino 编程中的 loop()函数作用类似），循环中的代码会循环重复调用，直到关闭电源。例如：

```
import sensor, image, time          # 导入相关模块

### 一次设置

sensor.reset()                      # 复位并初始化传感器
sensor.set_pixformat(sensor.RGB565) # 设置像素格式为 RGB565（或灰度）
sensor.set_framesize(sensor.QVGA)   # 设置图像大小为 QVGA（320×240）
sensor.skip_frames(time = 2000)     # 等待设置生效
clock = time.clock()                # 创建一个时钟对象来跟踪 FPS

### 无限循环
while(True):
    clock.tick()                    # 更新 FPS 时钟
    img = sensor.snapshot()         # 拍照并返回图像
    print(clock.fps())              # 注意：OpenMV 连接 IDE 后的运行速率大约是原来的一半，一旦断
                                    # 开 IDE，FPS 就会增加。
```

注意：

（1）如果代码中没有 while(True)循环，那么一旦 OpenMV 完成运行脚本，它就会停在那里，什么都不做。

（2）使用 OpenMV IDE 时会推荐对 OpenMV 的固件进行升级，一般建议不升级，如果升级，那么可能导致部分功能无法正常运行。

7.2.5 I/O 教程

根据 OpenMV 型号的不同，可以使用 9～10 个通用 I/O 引脚，每个引脚可以提供 25mA 的电流，用于输入、输出或通信。OpenMV 采用的是兼容 5V 输入引脚的 STM32 处理器，因此可以将 OpenMV 直接连接到 Arduino 或其他 5V 设备。

不同的 I/O 引脚有不同的特殊功能。例如，P0～P3 是 OpenMV 的 SPI 总线引脚，可以用来控制 SPI 设备。P4～P5 是 OpenMV 的串行或 I²C 总线。P6 是 OpenMV 的 ADC/DAC 引脚，用于 0～3.3V 的模拟量输入和输出。P7～P8（或 P7～P9）是 OpenMV 的辅助 I/O 引脚。

1. LED 教程

OpenMV 有一个 RGB LED 和两个红外 LED（IR LED），可以分别控制 RGB LED 的红色、绿色和蓝色部分及两个 IR LED。要控制 LED，首先要导入 pyb 模块，然后为要控制的特定 LED 创建一个 LED 类对象。

```
import pyb
red_led = pyb.LED(1)
green_led = pyb.LED(2)
blue_led = pyb.LED(3)
ir_leds = pyb.LED(4)
```

调用 pyb.LED()函数会创建一个 LED 对象，可以使用它来控制特定的 LED。传递参数"1"给 pyb.LED 控制红色的 RGB LED 段，"2"控制绿色的 RGB LED 段，"3"控制蓝色的 RGB LED 段，"4"控制两个红外灯。

在创建像上面这样的 LED 控制对象之后，可以先调用 pyb.LED.off()方法使一个新 LED 进入已知的关闭状态。

每个 LED 可以调用 3 种方法：pyb.LED.off()、pyb.LED.on()和 pyb.LED.toggle()，分别实现关闭、打开和状态切换功能。

与其他 MicroPython 主板不同，OpenMV 不支持使用 intensity()函数来进行 PWM 调光。

可以在程序脚本中使用 RGB LED 作为指示器。红外 LED 可作为夜视补光灯，当使用红外镜头（这是一个没有红外滤镜的镜头）替换标配镜头时，OpenMV 可以夜视。

2. GPIO 控制

OpenMV 具有 9 个（OpenMV2 M4）到 10 个（OpenMV3 M7、OpenMV4 M7 Plus）板载通用 I/O 引脚，用于与现实世界交互。有几种方法可以使用 GPIO 引脚。

```
import pyb
p = pyb.Pin("P0", pyb.Pin.IN)
p.value() # 返回 0 或 1
```

用 pyb.Pin() 函数创建一个 pin 对象，用它来控制 OpenMV 的 I/O 引脚。第 1 个参数应该是 P0～P8 的引脚编号（OpenMV2 M4 为 0～8，OpenMV3 M7 或 OpenMV4 M7 Plus 为 0～9），第 2 个参数表示引脚工作模式。

一旦创建了引脚对象，使用 pyb.Pin.value() 方法就可以获得 I/O 引脚的状态。

如果需要上拉或下拉 I/O 引脚，那么可以使用 pyb.Pin.PULL_UP 或 pyb.Pin.PULL_DOWN

作为 pyb.Pin() 构造函数的附加参数。

```
p = pyb.Pin("P0", pyb.Pin.IN, pyb.Pin.PULL_UP)
```

使用 I/O 引脚作为输出，程序代码如下。

```
import pyb
p = pyb.Pin("P0", pyb.Pin.OUT_PP)
p.high() # 引脚输出高电平（3.3V）
p.low() # 引脚输出低电平（0V）
```

设置开漏输出，程序代码如下。

```
p = pyb.Pin("P0", pyb.Pin.OUT_OD)
```

pyb.Pin.high() 函数将输出高电平，同时 pyb.Pin.low() 函数将输出低电平。如果需要配置输出引脚的内置上拉电阻，那么只需要添加参数 pyb.Pin.PULL_UP。

```
p = pyb.Pin("P0", pyb.Pin.OUT_OD, pyb.Pin.PULL_UP)
```

3. 模拟 I/O 引脚

OpenMV 有一个模拟 I/O 引脚（P6），可用作 ADC 输入或 DAC 输出。以下是使用 OpenMV 读取 0V 和 3.3V 之间的模拟电压值程序示例。

```
import pyb
adc = pyb.ADC("P6")
while(True):
    pyb.delay(10) # 延时 10ms
print("%f volts" % ((adc.read() * 3.3) / 4095))
```

ADC 具有 12 位分辨率，所以它将 0～3.3V 的值输出 0～4095。注意：当引脚处于 ADC 模式时，它的电压范围是 0～3.3V，而不再是 5V。

OpenMV 将 I/O 引脚置于 DAC 模式，输出模拟电压程序代码如下。

```
import pyb, math
dac = pyb.DAC("P6")
counter = 0
while(True):
    pyb.delay(10) # 延时 10ms
    dac.write(int(math.sin(math.radians(counter % 360)) * 255))
    counter += 1
```

上面的代码在 I/O 引脚上产生一个正弦波，从 0～255 变为 0～3.3V。注意：当引脚处于 DAC 模式时，它的电压范围是 0～3.3V，而不再是 5V。

7.2.6　OpenMV 颜色识别实例

以浙江省大学生工程训练综合能力竞赛为例，识别红、绿、蓝 3 种颜色的物料，并由串口返回物料坐标。物料共有红、绿、蓝 3 种颜色，物料的材料为 3D 打印 ABS。3 种物料的颜色如下：红 [ABS/Red（C-21-03）]、绿 [ABS/Green（C-21-06）]、蓝 [ABS/Blue（C-21-04）]。大学生工程训练综合能力竞赛物料如图 7-20 所示。

图 7-20　大学生工程训练综合能力竞赛物料

彩色图

程序依靠 OpenMV 已经封装好的 find_blobs()函数可以找到色块。程序代码如下。

```python
import sensor, image, time
from pyb import UART
import json
# 这是颜色识别的例子，一定要控制环境的光，保持光照稳定
# color = (minL, maxL, minA, maxA, minB, maxB)，注意 OpenMV 在这里的颜色模型是 Lab
# 通常来说颜色需要借助专业工具才能比较精确地被描述，但是 OpenMV IDE 自带的颜色阈值工具使
用起来非常方便，赛前、赛中调试非常快速，后面会介绍打开颜色阈值工具的方法和使用方法
green_threshold = (50, 70, -70, -10, -20, 30)
red_threshold = ( 45, 70, 60, 80, 0, 60)
blue_threshold = ( 45, 75, -40, 0, -50, -30)
uart = UART(3, 9600)
RX = 0
RY = 0
GX = 0
GY = 0
BX = 0
BY = 0
sensor.reset() # 初始化摄像头
sensor.set_pixformat(sensor.RGB565) # 格式为 RGB565
sensor.set_framesize(sensor.QQVGA) # 使用 QQVGA 速率高一些
sensor.skip_frames(time = 2000) # 跳过 2000s，使新设置生效，并自动调节白平衡
sensor.set_auto_gain(False) # 关闭自动增益，在颜色识别中，一定要关闭自动增益
sensor.set_auto_whitebal(False)
# 关闭白平衡，白平衡是默认开启的，在颜色识别中，一定要关闭白平衡
clock = time.clock() # 追踪帧率

while(True):
    clock.tick() # 更新 FPS 时钟
    img = sensor.snapshot() # 从感光芯片获得一张图像
    green_blobs = img.find_blobs([green_threshold], area_threshold=600)
    if green_blobs:
        for b in green_blobs:
            img.draw_rectangle(b[0:4], color=(0, 255, 0))
            img.draw_cross(b[5], b[6], color=(0, 255, 0))
            GX = b.cx()
            GY = b.cy()
```

```
red_blobs = img.find_blobs([red_threshold], area_threshold=600)
if red_blobs:
    for b in red_blobs:
        img.draw_rectangle(b[0:4], color=(255, 0, 0))
        img.draw_cross(b[5], b[6], color=(255, 0, 0))
        RX = b.cx()
        RY = b.cy()

blue_blobs = img.find_blobs([blue_threshold], area_threshold=600)
if blue_blobs:
    for b in blue_blobs:
        img.draw_rectangle(b[0:4], color=(0, 0, 255))
        img.draw_cross(b[5], b[6], color=(0, 0, 255))
        BX = b.cx()
        BY = b.cy()
print ('RX:', RX, 'RY:', RY , 'GX:', GX , 'GY:', GY , 'BX:', BX , 'BY:', BY )
```

颜色阈值的获取步骤如下。

（1）运行 hello world.py，OpenMV 工作获得图像，或者使用拍摄设备拍摄一张照片，为将来获取阈值提供目标信息。

（2）选择"工具"→"机器视觉"→"阈值编辑器"命令。打开阈值编辑器界面如图 7-21 所示。

图 7-22 所示为阈值编辑器源图像选择界面。源图像的位置选择有两个选项，选择"帧缓冲区"是使用 OpenMV 获取的图像，选择"图像文件"是使用拍摄获得的图像。

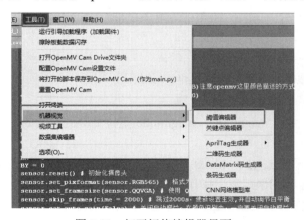

图 7-21　打开阈值编辑器界面

图 7-22　阈值编辑器源图像选择界面

图 7-23 所示为阈值编辑器调节界面。该界面的左边是源图像，右边是二进制图像（白色像素是被跟踪的像素），下面是对应 Lab 参数的阈值的 6 个滑块。拖动 6 个滑块，可以看到实时阈值。通过调整 6 个滑块，可以将识别色块覆盖成白色，且其余区域都是黑色的。该界面的左下角就是调试得到的颜色阈值。

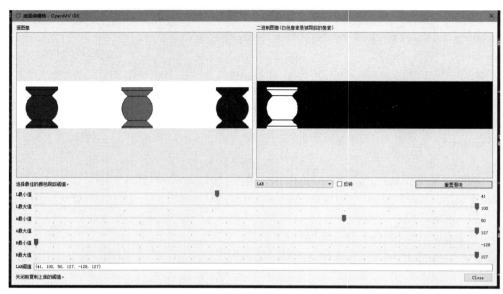

图 7-23　阈值编辑器调节界面

彩色图

7.2.7　OpenMV 形状识别实例

OpenMV 图形检测通常是用霍夫变换完成的。霍夫变换是图像处理中的一种特征提取技术，用来辨别物件中的特征（如线条）。它通过一种投票算法检测具有特定形状的物体，是图像处理中从图像中识别几何形状的基本方法之一。霍夫变换的基本原理在于利用点与线的对偶性，将原始图像空间给定的曲线通过曲线表达形式变为参数空间的一个点，这样就把原始图像中给定曲线的检测问题转化为寻找参数空间中的峰值问题，也即把检测整体特性转化为检测局部特性，如直线、椭圆、圆、弧线等。

1.　圆形检测 img.find_circles

```
image.find_circles([roi[, x_stride=2[, y_stride=1[, threshold=2000
[, x_margin=10[, y_margin=10[, r_margin=10[, r_min=2[, r_max[, r_step=2]]]]]]]]]])
```

说明：

circles 对象有 4 个值，分别为 x、y、r 和 magnitude，magnitude 是检测圆的强度的，它的值越高越好。

roi 的功能是复制一个感兴趣的矩形区域(x, y, w, h)，x 和 y 是矩形区域左下角在源图像中的像素坐标，w 是宽度，h 是高度，roi 即图像矩形，操作范围仅限于 roi 区域内的像素。

x_stride 是霍夫变换时需要跳过的 x 像素的数量。若已知圆较大，则可增加 x_stride，简述为有效两点之间的距离跨度。

y_stride 是霍夫变换时需要跳过的 y 像素的数量。若已知圆较大，则可增加 y_stride。

threshold 控制从霍夫变换中检测到的圆，只返回大于或等于阈值的圆，应用程序的阈值正确值取决于图像。注意，一个圆的大小是组成圆的所有索贝尔滤波像素大小的总和。

x_margin、y_margin、r_margin 控制所检测的圆的合并，圆的像素为 x_margin、y_margin 和 r_margin 的部分合并。

r_min、r_max 和 r_step 控制测试圆的半径，threshold = 3500 比较合适。如果视野中检测到的圆过多，那么请增大阈值；相反，如果视野中检测到的圆过少，那么请减小阈值。

注意：物体阈值大于设定的 threshold，或物体的像素大于 x_margin 才能被框中。

关键程序代码如下。

```
for c in img.find_circles(threshold = 3500, x_margin =2, y_margin =2, r_margin = 10, r_min = 5, r_max = 100,
r_step = 2):
        img.draw_circle(c.x(), c.y(), c.r(), color = (255, 0, 0))
```

完整程序代码如下。

```
import sensor, image, time

sensor.reset()                          # 复位摄像头
sensor.set_pixformat(sensor.RGB565)     # 使用灰度图速度更快
sensor.set_framesize(sensor.QQVGA)
sensor.skip_frames(time = 2000)
clock = time.clock()

while(True):
    clock.tick()                        # 捕获帧率
    img = sensor.snapshot().lens_corr(1.8)    # 畸变矫正，但是会影响帧率
    for c in img.find_circles(threshold = 3500, x_margin = 2, y_margin = 2, r_margin = 10,r_min = 5, r_max =
100, r_step = 2):
        img.draw_circle(c.x(), c.y(), c.r(), color = (255, 0, 0))
        print(c)
    print("FPS %f" % clock.fps())
```

圆形检测结果如图 7-24 所示。

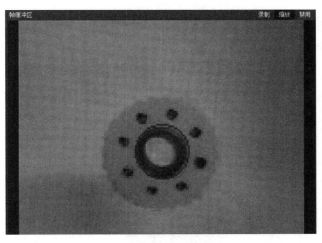

图 7-24　圆形检测结果

彩色图

2．矩形检测 img.find_rects

```
image.find_rects([roi=Auto, threshold=10000])
```

threshold 小于设定值的矩形会从返回列表中过滤出来。

roi 的功能是复制一个感兴趣的矩形区域(x, y, w, h)，参数含义与圆形检测类似，此处不再赘述。

关键程序代码如下。

```
for r in img.find_rects(threshold = 20000):
        img.draw_rectangle(r.rect(), color = (255, 0, 0))
```

完整程序代码如下。

```
import sensor, image, time

sensor.reset()
sensor.set_pixformat(sensor.RGB565) # 使用灰度图速度更快
sensor.set_framesize(sensor.QQVGA)
sensor.skip_frames(time = 2000)
clock = time.clock()

while(True):
    clock.tick()
    img = sensor.snapshot()

    # 下面的 threshold 应设置为足够高的值，以滤除在图像中检测到的具有
    # 低边缘幅度的噪声矩形

    for r in img.find_rects(threshold = 10000):
        img.draw_rectangle(r.rect(), color = (255, 0, 0))
        for p in r.corners(): img.draw_circle(p[0], p[1], 5, color = (0, 255, 0))
        print(r)
    print("FPS %f" % clock.fps())
```

矩形检测结果如图 7-25 所示。

图 7-25　矩形检测结果

彩色图

3．直线段检测 find.line_segments

image.find_line_segments([roi[, merge_distance=0[, max_theta_difference=15]]])

使用霍夫转换来查找图像中的线段。返回一个 image.line 对象的列表。

roi 的功能是复制一个感兴趣的矩形区域(x, y, w, h)。如果未指定，那么 roi 即图像矩形。操作范围仅限于 roi 区域内的像素。

merge_distance 指定两条线段之间的可以相互分开而不被合并的最大像素数。

max_theta_difference 是 merge_distancede 要合并的两个线段的最大角度差值。

此方法使用 LSD 库（也被 OpenCV 使用）来查找图像中的线段，虽然速度较慢，但是非常准确。

不支持压缩图像和 bayer 图像。

此方法在 OpenMV Cam M4 上不可用。

直线段检测应用于各种图形的检测，如三角形、矩形及其他多边形。

关键代码如下。

```
for l in img.find_line_segments(merge_distance = 0, max_theta_diff = 5):
        img.draw_line(l.line(), color = (255, 0, 0))
        # print(l)
```

完整程序代码如下。

```
enable_lens_corr = False # 检测更直的线条
import sensor, image, time

sensor.reset()
sensor.set_pixformat(sensor.RGB565)
sensor.set_framesize(sensor.QQVGA)
sensor.skip_frames(time = 2000)
clock = time.clock()

# 所有的线对象都有一个 theta()方法来获取它们的旋转角度
# 可以根据旋转角度过滤线条

min_degree = 0
max_degree = 179

# 对所有线段，都有 x1()、y1()、x2()和 y2()方法来获得它们的终点
# 一个 line()方法可以获得所有上述的 4 个元组值，可用于 draw_line()

while(True):
    clock.tick()
    img = sensor.snapshot()
    if enable_lens_corr: img.lens_corr(1.8)
```

```
# threshold 控制从霍夫变换中监测到的直线，只返回大于或等于阈值的
# 直线，应用程序的阈值正确值取决于图像。注意：一条直线的大小是组成
# 直线的所有索贝尔滤波像素大小的总和

# theta_margin 和 rho_margin 控件合并相似的直线。如果两直线的
# theta 和 ρ 值差异小于边际，那么它们合并

for l in img.find_lines(threshold = 1000, theta_margin = 25, rho_margin = 25):
    if (min_degree <= l.theta()) and (l.theta() <= max_degree):
        img.draw_line(l.line(), color = (255, 0, 0))
        # print(l)
```

```
print("FPS %f" % clock.fps())
```

直线检测结果如图 7-26 所示。

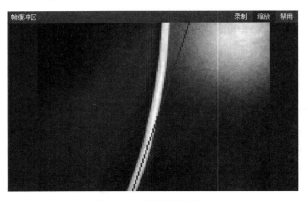

图 7-26　直线检测结果

彩色图

4．形状和颜色同时检测

颜色检测和形状检测可以在同一个程序中同时进行。以检测红色的圆形为例，首先进行圆形检测，然后在检测到的圆形区域内进行颜色统计，判断区域内最多的颜色是否为红色。

```
Import sensor, image, time

sensor.reset()
sensor.set_pixformat(sensor.RGB565)
sensor.set_framesize(sensor.QQVGA)
sensor.skip_frames(time = 2000)
sensor.set_auto_gain(False) # Flase 才能跟踪颜色
sensor.set_auto_whitebal(False)
clock = time.clock()

while(True):
    clock.tick()
    img = sensor.snapshot().lens_corr(1.8)
```

```
for c in img.find_circles(threshold = 3500, x_margin = 10, y_margin = 10, r_margin = 10,
        r_min = 2, r_max = 100, r_step = 2):
    area = (c.x()-c.r(), c.y()-c.r(), 2*c.r(), 2*c.r())
    # area 为检测到的圆的区域，即圆的外接矩形框
    statistics = img.get_statistics(roi=area)# 像素颜色统计
    print(statistics)
    # (0,100,0,120,0,120)是红色的阈值，所以当区域内的众数（也就是最多的颜色）范围在这个
    #阈值内时，就说明检测对象是红色的圆
    # l_mode()、a_mode()、b_mode()是 L 通道、A 通道、B 通道的众数
    If 0<statistics.l_mode()<100 and 0<statistics.a_mode()<127 and 0<statistics.b_mode()<127:#if the
     circle is red
        img.draw_circle(c.x(), c.y(), c.r(), color = (255, 0, 0))# 将检测到的红色圆用红色的圆框出来
    else:
        img.draw_rectangle(area, color = (255, 255, 255))
        # 将非红色的圆用白色的矩形框出来
print("FPS %f" % clock.fps())
```

形状和颜色同时检测的结果如图 7-27 所示。

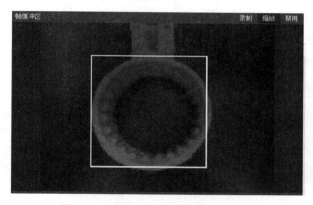

图 7-27　形状和颜色同时检测的结果　　　　　　　　彩色图

7.2.8　二维码与条形码识别实例

1. 二维码识别

以 QR 码为例，QR 码是二维码的一种，也称快速响应码，常用于产品标识。QR 码是由黑色和白色模块、位置探测图案、时间图案、包含纠错级别和掩码编号的格式信息、数据区域及纠错代码（Reed-Solomon 码）组合而成的。QR 码的最小元素（黑色或白色方块）称为"模块"，可以用草料二维码生成器生成需要的内容。草料二维码生成器网站生成的二维码"OpemMV"如图 7-28 所示。函数：

```
image.find_qrcodes([roi])
```

查找 roi 内的所有二维码并返回一个 image.qrcode 对象的列表。

roi 的功能是复制一个感兴趣的矩形区域(x, y, w, h)。如果未指定，那么 roi 即整幅图像的图像矩形。二维码识别范围仅限于 roi 区域内的像素。

图 7-28 草料二维码生成器网站生成的二维码"OpemMV"

程序代码如下。

```
import sensor, image

sensor.reset()
sensor.set_pixformat(sensor.RGB565)
sensor.set_framesize(sensor.QQVGA) # 设置相机模块的帧大小
sensor.skip_frames(30)
sensor.set_auto_gain(False)
while(True):
    img = sensor.snapshot()
    img.lens_corr(1.8)
    for code in img.find_qrcodes():
        print(code)
```

二维码识别结果如图 7-29 所示。

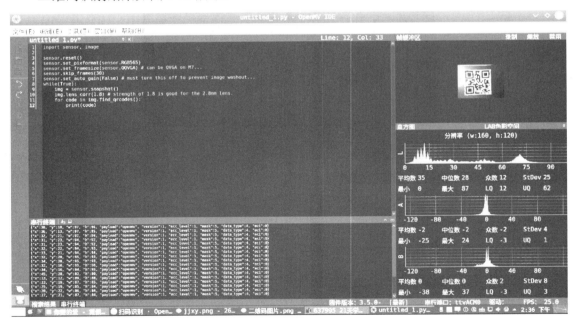

图 7-29 二维码识别结果

2. 条形码识别

条形码（Barcode）是将宽度不等的多个黑条和白条，按照一定的编码规则排列，用以表达一组信息的图形标识符。常见的条形码是由反射率相差很大的黑条（简称条）和白条（简称空）排成的平行线图案。条形码可以标出物品的生产国、制造厂家、商品名称、生产日期、图书分类号、邮件起止地点、类别、日期等许多信息，因此在商品流通、图书管理、邮政管理、银行系统等许多领域都得到广泛的应用。

函数：image.find_barcodes([roi])

查找 roi 内所有一维条形码并返回一个 image.barcode 对象列表。为了获得最佳效果，请使用长 640、宽 40/80/160 的窗口。垂直程度越低，运行速率越高。由于条形码是线性一维图像，所以只需要在一个方向上有较高分辨率，而在另一个方向上只需要较低分辨率即可。

注意：

（1）因为该函数进行水平和垂直扫描，所以使用宽 40/80/160、长 640 的窗口。实际使用时请一定调整镜头，这样条形码会定位在焦距产生最清晰图像的地方。模糊条形码无法被解码。

（2）可以在条形码生成网站生成条形码。在条形码生成网站生成的条形码 "OpenMV" 如图 7-30 所示。

图 7-30　在条形码生成网站生成的条形码 "OpenMV"

程序代码如下。

```
import sensor, image, time, math

sensor.reset()
sensor.set_pixformat(sensor.GRAYSCALE)
sensor.set_framesize(sensor.VGA) # 高分辨率
sensor.set_windowing((640, 80))
sensor.skip_frames(30)
sensor.set_auto_gain(False)
sensor.set_auto_whitebal(False)
clock = time.clock()


# 条形码检测可以在 OpenMV Cam 的 640×480 分辨率下运行 OV7725 摄像头模块
# 条形码检测也可以在 RGB565 模式下工作，但分辨率较低
# 条形码检测需要更高的分辨率
# 为了保持良好的工作状态，条形码检测应该始终以 640×480 的灰度运行


def barcode_name(code):
    if(code.type() == image.EAN2):
        return "EAN2"
    if(code.type() == image.EAN5):
```

```
                return "EAN5"
        if(code.type() == image.EAN8):
                return "EAN8"
        if(code.type() == image.UPCE):
                return "UPCE"
        if(code.type() == image.ISBN10):
                return "ISBN10"
        if(code.type() == image.UPCA):
                return "UPCA"
        if(code.type() == image.EAN13):
                return "EAN13"
        if(code.type() == image.ISBN13):
                return "ISBN13"
        if(code.type() == image.I25):
                return "I25"
        if(code.type() == image.DATABAR):
                return "DATABAR"
        if(code.type() == image.DATABAR_EXP):
                return "DATABAR_EXP"
        if(code.type() == image.CODABAR):
                return "CODABAR"
        if(code.type() == image.CODE39):
                return "CODE39"
        if(code.type() == image.PDF417):
                return "PDF417"
        if(code.type() == image.CODE93):
                return "CODE93"
        if(code.type() == image.CODE128):
                return "CODE128"


while(True):
        clock.tick()
        img = sensor.snapshot()
        codes = img.find_barcodes()
        for code in codes:
                img.draw_rectangle(code.rect())
                print_args = (barcode_name(code), code.payload(), (180 * code.rotation()) / math.pi, code.quality(),
clock.fps())
                print("Barcode %s, Payload \"%s\", rotation %f (degrees), quality %d, FPS %f" % print_args)
        if not codes:
                print("FPS %f" % clock.fps())
```

条形码识别结果如图 7-31 所示。

图 7-31　条形码识别结果

7.2.9　OpenMV 与 Arduino 通信

1. 连接方式

TTL 串行通信至少需要连接 3 根线：TXD、RXD、GND。TXD 是发送端，RXD 是接收端，GND 是地线。连线时，需要把 OpenMV 的 RXD 连到 Arduino 的 TXD，OpenMV 的 TXD 连到 Arduino 的 RXD。Arduino 与 OpenMV 的连接电路如图 7-32 所示。

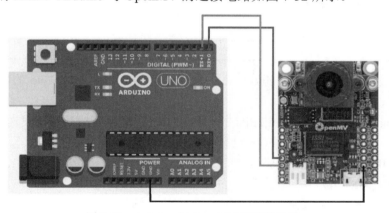

图 7-32　Arduino 与 OpenMV 的连接电路

```
import time
from pyb import UART
uart = UART(3, 19200)
while(True):
    uart.write("Hello World!\r")
```

```
time.sleep (1000)
```

先实例化一个波特率为 19200bit/s 的串口 3，然后调用 write()函数从串口 3 输出。

注意：这里的串口必须是串口 3，因为 OpenMV2 只引出了这个串口，而 OpenMV3 又增加了串口 1。

2．OpenMV 与 Arduino 通信实例

因为 Arduino Uno 只有一个串口，用来与 OpenMV 通信，没办法通过串口将信息发送给计算机并显示在计算机屏幕上，所以使用软件模拟串口，来进行串口转发程序。模拟串口电路连接图如图 7-33 所示。OpenMV 与 Arduino 端口对应表如表 7-2 所示。

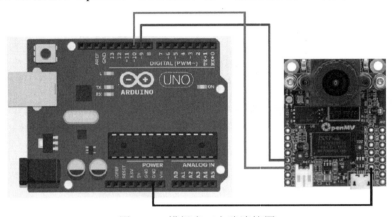

图 7-33　模拟串口电路连接图

表 7-2　OpenMV 与 Arduino 端口对应表

OpenMV	Arduino
P4（TX）	10（RX）
P5（RX）	11（TX）
GND	GND

OpenMV 的数据发送给 Arduino Uno 的软件模拟串口，Arduino Uno 的串口连接到计算机并显示结果。

这里 Arduino Uno 需要读 softSerial 的数据（json），并解析成数组，发送给 Serial（计算机）。

OpenMV IDE 运行下面的程序。

```
import sensor, image, time
import json
from pyb import UART
yellow_threshold = ( 46, 100, -68, 72, 58, 92)


sensor.reset() # Initialize the camera sensor.
sensor.set_pixformat(sensor.RGB565)    # 使用 RGB565.
sensor.set_framesize(sensor.QQVGA)    # 使用 QQVGA 获取速度
sensor.skip_frames(10)                # 让新的设置生效
```

```
sensor.set_auto_whitebal(False)
clock = time.clock()

uart = UART(3, 115200)

while(True):
    clock.tick()
    img = sensor.snapshot()

    blobs = img.find_blobs([yellow_threshold])
    if blobs:
        #print('sum : %d'% len(blobs))
        data=[]
        for b in blobs:
            img.draw_rectangle(b.rect()) # rect
            img.draw_cross(b.cx(), b.cy()) # cx, cy
            data.append((b.cx(), b.cy()))

        #{(1,22),(-3,33),(22222,0),(9999,12),(0,0)}
        data_out = json.dumps(set(data))
        uart.write(data_out +'\n')
        print('you send:', data_out)
    else:
        print("not found!")
```

颜色识别结果发送给 Arduino 的界面如图 7-34 所示。

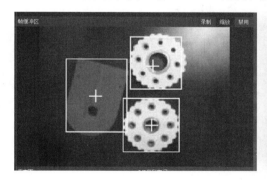

图 7-34　颜色识别结果发送给 Arduino 的界面

彩色图

Arduino Uno 程序代码如下。

```
#include <SoftwareSerial.h>

SoftwareSerial softSerial(10, 11); // RX, TX
typedef struct
{
```

```
    int data[50][2] = {{0, 0}};
    int len = 0;
}List;
List list;

void setup() {
    softSerial.begin(115200);
    Serial.begin(115200);
}

void loop() {
    if(softSerial.available())
    {
        getList();
        for (int i=0; i<list.len; i++)
        {
            Serial.print(list.data[i][0]);
            Serial.print('\t');
            Serial.println(list.data[i][1]);
        }
        Serial.println("============");
        clearList();
    }

}

String detectString()
{
    while(softSerial.read() != '{');
    return(softSerial.readStringUntil('}'));
}
void clearList()
{
    memset(list.data, sizeof(list.data), 0);
    list.len = 0;
}
void getList()
{
    String s = detectString();
    String numStr = "";
    for(int i = 0; i<s.length(); i++)
    {
```

```
if(s[i]=='('){
    numStr = "";
}
else if(s[i] == ','){
    list.data[list.len][0] = numStr.toInt();
    numStr = "";
}
else if(s[i]==')'){
    list.data[list.len][1] = numStr.toInt();
    numStr = "";
    list.len++;
}
else{
    numStr += s[i];
}
}
}
```

7.3　基于树莓派+OpenCV 计算机视觉库的图像识别

7.3.1　树莓派简介

Raspberry Pi（中文名为"树莓派"，简写为 RPi，或者 RasPi/RPi）是为学生计算机编程教育而设计的、只有信用卡大小的卡片式计算机，其系统基于 Linux。

树莓派由注册于英国的慈善组织 Raspberry Pi 基金会开发。2012 年 3 月，英国剑桥大学的埃本·阿普顿正式发售世界上最小的台式机，又称卡片式计算机，外形只有信用卡大小，却具有计算机的所有基本功能，这就是 Raspberry Pi。树莓派是一个卡片大小的开发板，使用它可以运行 Linux 系统，开发设备。树莓派 4B 与树莓派 3B/3B+参数对比如表 7-3 所示。

表 7-3　树莓派 4B 与树莓派 3B/3B+参数对比

参　　数	树莓派 4B	树莓派 3B	树莓派 3B+
SOC	Broadcom BCM2711	Broadcom BCM2837	Broadcom BCM2837B0
CPU	64 位 1.5GHz 四核（28nm 工艺）	64 位 1.2GHz 四核（40nm 工艺）	64 位 1.4GHz 四核（40nm 工艺）
GPU	Broadcom VideoCore VI @500MHz	Broadcom VideoCore IV @400MHz	Broadcom VideoCore IV @400MHz
蓝牙	蓝牙 5.0	蓝牙 4.1	蓝牙 4.2
USB 接口	2 个 USB2.0，2 个 USB3.0	4 个 USB2.0	4 个 USB2.0
HDMI	2 个 Micro HDMI，支持 4K，60Hz	1 个标准 HDMI	1 个标准 HDMI
供电接口	Type C（5V 3A）	Micro USB（5V 2.5A）	Micro USB（5V 2.5A）
多媒体	H.265(4K 60Hz decode)；H.264(1080P 60Hz decode, 1080P 30Hz encode)；OpenGL ES3.0 graphics	H.264,MPEG-4 decode (1080P 30Hz)；H.264 encode(1080P 30Hz)；OpenGL ES1.1,2.0 graphics	H.264,MPEG-4 decode (1080P 30Hz)；H.264 encode(1080P 30Hz)；OpenGL ES1.1,2.0 graphics

续表

参　　数	树莓派 4B	树莓派 3B	树莓派 3B+
Wi-Fi 网络	802.11AC，无线，2.4GHz/5GHz，双频 Wi-Fi	802.11n，无线，2.4GHz	802.11AC，无线，2.4GHz/5GHz，双频 Wi-Fi
有线网络	真千兆以太网（可达 1000Mbit/s）	10/100Mbit/s 以太网	USB2.0 千兆以太网（300Mbit/s）
以太网 Poe	通过额外的 HAT 以太网（Poe）供电	无	通过额外的 HAT 以太网（Poe）供电

1. 树莓派 4B

在性能方面，树莓派最新发布的第 4 代产品树莓派 4B 与树莓派 3B+相比，无论是处理器速度，还是多媒体和内存都有显著提升。树莓派 4B 拥有与入门级 x86 PC 系统相媲美的桌面性能。

树莓派 4B 是具备 1.5GHz 运行频率的 64 位四核处理器，最高支持以 60fps 的速率刷新的 4K 分辨率的双显示屏，具有高达 8GB 的 RAM（可根据型号选择 1GB、2GB、4GB、8GB），2.4/5.0GHz 的双频无线 Wi-Fi，蓝牙 5.0/BLE，千兆以太网，USB3.0 和 POE 功能。树莓派 4B 的端口如图 7-35 所示。

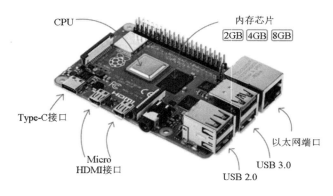

图 7-35　树莓派 4B 的端口

2. 树莓派系统安装

树莓派开发板没有配置板载 Flash，因为它支持 Micro SD 卡启动，所以需要下载相应的镜像文件，并将其烧写在 Micro SD 卡上，启动系统即可。

1）下载操作系统镜像

打开树莓派官网，进入下载界面。下载界面如图 7-36 所示。

2）镜像烧写

准备内容如下。

（1）一张 2GB 以上的 Micro SD 卡及读卡器，最好是高速卡，推荐 Class4 以上的卡。卡的读写速率直接影响树莓派的运行速率。

（2）在 Windows XP 和 Windows 7 系统下安装镜像的工具：Win32 Disk Imager.zip 或 USB tool。

图 7-36　下载界面

安装步骤如下。

① 解压下载的系统压缩文件，得到 img 镜像文件。将 Micro SD 卡使用卡槽或者读卡器连接计算机，解压并运行 Win32 Disk Imager 工具。树莓派系统烧录界面如图 7-37 所示。

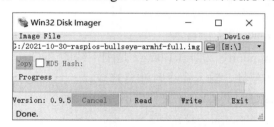

图 7-37　树莓派系统烧录界面

② 选择 Write 进行烧录，等待烧录完成，拔掉 Micro SD 卡，插入树莓派上电，系统会自动安装完成。

③ 注意烧录完成后，Windows 系统可能会因为无法识别 Linux 分区格式而提示用户格式化，此时不要单击"格式化"按钮，直接单击"取消"按钮即可。如果单击"格式化"按钮，那么树莓派会因为丢失系统文件而无法开机，需要重新烧录 img 镜像文件。

7.3.2　树莓派 OpenCV 环境配置

1. 树莓派安装和使用 PyCharm

运行 PyCharm 需要 Java 环境，如果树莓派上还没有安装过 JRE，那么可以使用以下命令安装。

```
sudo apt install default-jre -y
```

在 JetBrains 官网下载 PyCharm 社区版（Community），注意下载的是 Linux 版本的软件。PyCharm 有专业版和社区版，社区版是免费的，专业版的功能更全，但需要收费。PyCharm

下载界面如图 7-38 所示。

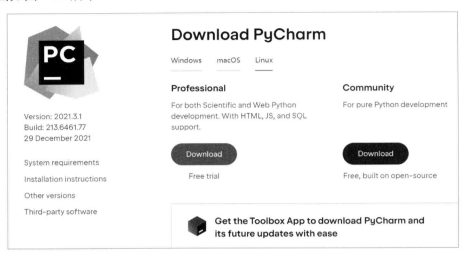

图 7-38　PyCharm 下载界面

文件默认下载到/home/pi/Downloads 目录下。下载的文件是 tar.gz 格式的压缩包，需要先对压缩包进行解压操作。

```
# 解压，命令行中的文件名以实际下载的为准
tar zxvf PyCharm-community-2021.3.1.tar.gz
```

其中的 PyCharm-community-2021.3.1.tar.gz 是刚下载的 PyCharm 安装包的文件名，版本号不同，文件名或许会有差异，输入命令时注意修改。

将工作命令指向解压好的 PyCharm 文件中的 bin 目录。

```
# 运行，命令行中的目录名以实际下载的为准
cd /home/pi/Downloads/PyCharm-2021.3.1/bin
```

树莓派系统界面如图 7-39 所示。

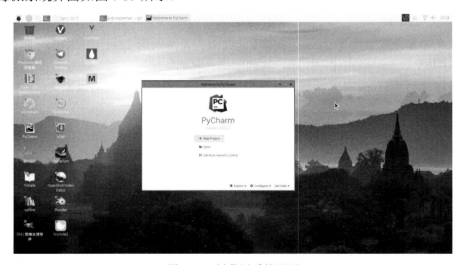

图 7-39　树莓派系统界面

可以先用文件管理器打开 bin 目录，然后使用快捷键 F4，在当前目录下打开终端。

同样地，命令路径也会因下载安装的 PyCharm 的版本不同而不同，注意修改。

用 sh 命令运行 PyCharm.sh 文件：

```
sh PyCharm.sh
```

即可顺利运行 PyCharm。

第 1 次运行 PyCharm 需要进行配置，基本和 Windows 系统上的操作类似，此处不再赘述。

在配置过程中，建议勾选询问"是否把 PyCharm 放到命令行中启动"的复选框，这样以后就可以在终端中通过使用"charm"命令，直接启动 PyCharm 了。

2．安装环境

本书使用的是最新版的 Raspbian Buster 系统，可在官网下载安装，安装完成后可以使用单独的显示器操作，也可以使用 ssh+vncserver 的方式，将树莓派的桌面通过远程桌面投影到计算机上来显示，具体方法可自行查阅相关资料。

使用的 OpenCV 版本是 OpenCV3.4.1，如果使用如下命令，那么可以直接安装 OpenCV。

```
sudo apt-get install libOpenCV-dev
sudo apt-get install Python-OpenCV
```

OpenCV 是在 Python2.7 的环境下存在的，在 Python3 环境下使用 import cv2 的方式导入 OpenCV 会发现找不到 CV2 模块。

7.3.3　OpenCV-Python 图像处理基本操作

OpenCV 是一个跨平台计算机视觉和机器学习软件库，可以在 Linux、Windows、Android 和 macOS 操作系统上运行。其支持 C++、Python、Ruby、MATLAB 等语言的接口，能够实现图像处理和计算机视觉方面的很多通用算法。本节主要介绍一些 OpenCV 中常用的基本操作。

1．CV2 模块

需要注意的是，在使用 OpenCV 时，要先导入 CV2 模块（import cv2），大多数常用的 OpenCV 函数都在 CV2 模块内。

```
# 导入 CV2 模块
import cv2
```

2．读/写图像文件

1）读取图像函数 imread()

大多数的 CV 应用程序需要将图像作为输入，同时也会将图像作为输出结果。一个交互式 CV 应用程序可能会将摄像头作为输入源，通过窗口显示输出结果。而其他的输入和输出还可能是图像文件、视频文件和原始字节。例如，在网络中传输的原始字节，这些原始字节可能是由应用中的图形处理算法产生的。

OpenCV 提供了 cv2.imread()函数来读取图像，该函数支持各种静态图像格式。

cv2.imread()函数默认读取的是一副彩色图片，若想要读取灰度图片，则需要设置 flags 参数。该函数的语法格式如下。

```
import numpy as np
import cv2 as cv
```

cv2.IMREAD_COLOR：默认参数，读入一副彩色图片，对应数值为 1。

cv2.IMREAD_GRAYSCALE：将读入的图片变为单通道的灰度图像，对应数值为 0。

cv2.IMREAD_UNCHANGED：保持图片原有的格式读入，对应数值为-1。

例如，想要读取文件名为 lena.jpg 的图像，并分别按照彩色图片、灰度图片、保持原格式 3 种方式读入，使用语句如下。

```
import cv2
path ="lena.jpg"              # 地址有多种描述方式，详情请自行查阅相关资料
cv2.imread(path,1)            # 读取彩色图片
cv2.imread(path,0)            # 读取灰度图片
cv2.imread("lena.jpg",-1)     # 读取原格式图片
```

2）显示图像函数 imshow ()

cv2.imshow()函数用来显示图像，其语法格式如下。

```
cv2.imshow( winname, mat )
```

其中，winname 是窗口名称，mat 是要显示的图像。

例如，在当前路径下读入一个名为 hudie.jpg 的图片，并在一个名为 tupian 的窗口内显示。

```
import cv2
lan = cv2.imread("hudie.jpg")          # 读入彩色图片
cv2.imshow("tupian", lan)
cv2.waitKey (0)
```

cv2.waitKey (0)表示暂停，起到一个延时的作用，如果不暂停，那么无法正常查看图片。

3）保存图像函数 imwrite()

OpenCV 提供了 cv2.imwrite()函数，用来保存图像，该函数的语法格式如下。

```
retval = cv2.imwrite( filename, img)
```

其中，retval 是返回值。若保存成功，则返回逻辑值真；若保存不成功，则返回逻辑值假。filename 是要保存的目标文件的完整路径名，包含文件扩展名。img 是被保存图像的名称。

例如，将读取的图像保存到当前目录下。

```
import cv2
lan = cv2.imread("hudie.jpg")
retval = cv2.imwrite("result.jpg", lan)
```

上述程序会先读取当前目录下的图像 hudie.jpg，生成它的一个副本图像，然后将该图像以名称 result.jpg 存储到当前目录下。

4）等待按键函数 waitKey ()

cv2.waitKey()函数用来等待按键，当用户按下键盘后，该语句会被执行，并获取返回值。

其语法格式如下。

```
return = cv2.waitKey(delay)
```

其中，return 表示返回值。若没有按键被按下，则返回-1；若有按键被按下，则返回该按键的 ASCII 码。delay 表示等待键盘触发的时间，单位是 ms，当该值是负数或者零时，表示无限等待，该值的默认值为 0。

在实际使用中，可以通过 cv2.waitKey()函数获取被按下的按键，并针对不同的按键做出不同的反应，从而实现交互功能。

例如，在一个窗口内显示图像，并针对被按下的不同按键（A 键和 Q 键）做出不同的反应。

```
import cv2
lan=cv2.imread("hudie.jpg")
cv2.imshow("tupian", lan )
key = cv2.waitKey()
if key == ord('A'):
    cv2.imshow("Achuangkou", lan)
if key == ord('Q'):
    cv2.imshow("Qchuangkou", lan)
```

运行上述程序，按下键盘上的 A 键或者 Q 键，会在一个新的窗口内显示图像 hudie.jpg。但其不同之处在于：

（1）若按下的是键盘上的 A 键，则新出现的窗口名称为 Achuangkou。

（2）若按下的是键盘上的 Q 键，则新出现的窗口名称为 Qchuangkou。

（3）若参数 delay 的值为 0，则程序会一直等待，直到有按下键盘按键的事件发生时，才会执行后续程序语句。

（4）若参数 delay 的值为一个正数，则在这段时间内，程序等待按下键盘按键，当有按下键盘按键的事件发生时，就继续执行后续程序语句。若在 delay 参数所指定的时间内一直没有这样的事件发生，则超过等待时间后，继续执行后续程序语句。

例如，用 cv2.waitKey()函数实现程序暂停，在按下键盘的按键后让程序继续运行。

```
import cv2
lan = cv2.imread("hudie.jpg")
cv2.imshow("tupian", lan)
key = cv2.waitKey()
if key != -1:
    print("触发了按键！")
```

运行上述程序，首先会在一个名为 tupian 的窗口内显示 hudie.jpg 图像，在未按下键盘上的按键时，程序没有新的状态出现；当按下键盘上的任意一个按键后，key 的返回值不为-1，会在控制台打印输出"触发了按键！"。

在本例中，由于 cv2.waitKey()函数的参数值是默认值 0，所以在未按下键盘上的按键时程序会一直处于暂停状态，当按下键盘上的任意一个按键后，程序中 key !=cv2.waitKey()下方的语句便得以执行，会在控制台打印输出"触发了按键！"。

5）释放窗口函数 destroyAllWindows()

cv2.destroyAllWindows ()函数用来释放所有窗口，其语法格式如下。

```
cv2.destroyAllWindows ()
```

其用法与 cv2.destroyWindow()函数相似，这里不做过多的解释。

6）使用示例

```
import cv2
img = cv2.imread(r"roi.jpg")
# print(img.shape)
img_gray = cv2.cvtColor(img,cv2.COLOR_BGR2GRAY)
ret,img_threshold = cv2.threshold(img_gray, 127, 255, cv2.THRESH_BINARY)
cv2.imshow("img", img)
cv2.imshow("thre", img_threshold)


key = cv2.waitKey(0)
if key==27: # 按 Esc 键时，关闭所有窗口
    print(key)
    cv2.destroyAllWindows()
cv2.imwrite(r"thre.jpg", img_threshold)
```

7.3.4　OpenCV-Python 形状识别编程实例

霍夫变换（Hough Transform）是图像处理中从图像中识别几何形状的基本方法之一，应用很广泛，也有很多改进算法，主要用来从图像中分离出具有某种相同特征的几何形状（如直线、圆等）。最基本的霍夫变换是从黑白图像中检测直线。霍夫变换是经典的检测直线的算法。其最初用来检测图像中的直线，同时也可以将其扩展，以用来检测图像中的简单结构。下面从检查直线、圆弧、椭圆几个方面来介绍相关形状的检测。

1．霍夫变换直线检测

```
# coding=utf-8

import cv2
import numpy as np


img = cv2.imread('image.png')
img1 = img.copy()
img2 = img.copy()
img = cv2.GaussianBlur(img, (3, 3), 0)
gray = cv2.cvtColor(img, cv2.COLOR_BGR2GRAY)
edges = cv2.Canny(gray, 50, 150, apertureSize=3)
lines = cv2.HoughLines(edges, 1, np.pi / 180, 110)


for line in lines:
```

```
        rho = line[0][0]
        theta = line[0][1]
        a = np.cos(theta)
        b = np.sin(theta)
        x0 = a * rho
        y0 = b * rho
        x1 = int(x0 + 1000 * (-b))
        y1 = int(y0 + 1000 * (a))
        x2 = int(x0 - 1000 * (-b))
        y2 = int(y0 - 1000 * (a))

        cv2.line(img1, (x1, y1), (x2, y2), (0, 0, 255), 2)

lines = cv2.HoughLinesP(edges, 1, np.pi / 180, 30, 300, 5)

for line in lines:
        x1 = line[0][0]
        y1 = line[0][1]
        x2 = line[0][2]
        y2 = line[0][3]
        cv2.line(img2, (x1, y1), (x2, y2), (0, 255, 0), 2)

cv2.imshow('houghlines3', img1)
cv2.imshow('edges', img2)
cv2.waitKey(0)
print(lines)
```

霍夫变换直线检测结果如图 7-40 所示。

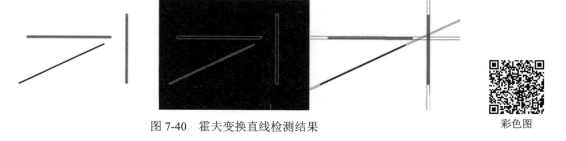

图 7-40　霍夫变换直线检测结果

彩色图

图 7-40 展示了霍夫变换直线检测结果。第 1 列表示的是原始的输入图片，第 2 列表示的是边缘检测的结果，第 3 列表示的是霍夫变换直线检测结果。可以发现，霍夫变换可以准确地检测到图片中的所有直线。值得注意的是，必须根据需要对边缘检测的参数进行调节。

2．霍夫变换圆形检测

```
# coding=utf-8
import cv2
```

```python
# 载入并显示图片
img = cv2.imread('image.png')
cv2.imshow('img', img)
# 灰度化
gray = cv2.cvtColor(img, cv2.COLOR_BGR2GRAY)
# 输出图像大小，方便根据图像大小调节 minRadius 和 maxRadius
print(img.shape)
# 霍夫变换圆形检测

circles = cv2.HoughCircles(gray, cv2.HOUGH_GRADIENT, 1, 100, param1=100, param2=30, minRadius=5, maxRadius=300)
# 输出返回值，方便查看类型
print(circles)
print(circles[0])
# 输出检测到的圆的个数
print(len(circles[0]))

print('-----------------------------')
# 根据检测到的圆的信息，画出每一个圆
for circle in circles[0]:
    # 圆的基本信息
    print(circle[2])
    # 坐标行列
    x = int(circle[0])
    y = int(circle[1])
    # 半径
    r = int(circle[2])
    # 在原图中用指定颜色标记出圆的位置
    img = cv2.circle(img, (x, y), r, (0, 0, 255), 3)
    img = cv2.circle(img, (x, y), 2, (255, 255, 0), -1)
# 显示新图像
cv2.imshow('res', img)

# 按任意键退出
cv2.waitKey(0)
cv2.destroyAllWindows()
```

霍夫变换圆形检测结果如图 7-41 所示。

图 7-41 展示了霍夫变换圆形检测结果。每一行表示一个测试图片，第 1 列表示原始的输入图片，第 2 列表示霍夫变换检测的结果。通过图 7-41 可以获得一些信息，即霍夫变换不仅能够处理简单的问题，而且能很好地处理复杂的问题。值得注意的是，需要根据输入的图片调节 cv2.HoughCircles()函数中的一些关键参数。

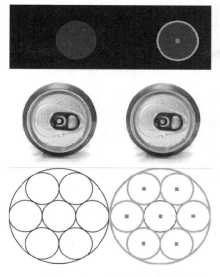

彩色图

图 7-41　霍夫变换圆形检测结果

3．利用霍夫变换检测不同形状轮廓

```
# coding=utf-8
# 导入 Python 包
import cv2

# 读取彩色图片
img = cv2.imread('rect1.png')
# 转换为灰度图片
gray = cv2.cvtColor(img, cv2.COLOR_BGR2GRAY)
# 进行二值化处理
ret,binary = cv2.threshold(gray, 127, 255, cv2.THRESH_BINARY)

# 寻找轮廓
_,contours, hierarchy = cv2.findContours(binary, cv2.RETR_TREE, cv2.CHAIN_APPROX_SIMPLE)

# 绘制不同的轮廓
draw_img0 = cv2.drawContours(img.copy(), contours, 0, (0, 255, 255), 3)
draw_img1 = cv2.drawContours(img.copy(), contours, 1, (255, 0, 255), 3)
draw_img2 = cv2.drawContours(img.copy(), contours, 2, (255, 255, 0), 3)
draw_img3 = cv2.drawContours(img.copy(), contours, -1, (0, 0, 255), 3)

# 打印结果
print ("contours:类型：  ", type(contours))
print ("第 0 个 contours:", type(contours[0]))
print ("contours 数量：  ", len(contours))
```

```
print ("contours[0]点的个数：", len(contours[0]))
print ("contours[1]点的个数：", len(contours[1]))

# 显示并保存结果
cv2.imshow("img", img)
cv2.imshow("draw_img0", draw_img0)
cv2.imshow("draw_img1", draw_img1)
cv2.imshow("draw_img2", draw_img2)
cv2.imwrite("rect_result.png", draw_img3)
cv2.imshow("draw_img3", draw_img3)

cv2.waitKey(0)
cv2.destroyAllWindows()
```

不同形状检测结果如图 7-42 所示。

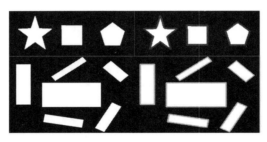

图 7-42　不同形状检测结果　　　　　　　　　　　　　彩色图

7.3.5　OpenCV-Python 颜色形状识别测量综合编程实例

识别如图 7-43 所示的几何形状（识别三角形、四边形/矩形、多边形、圆），计算几何形状的面积与周长、中心位置，并提取几何形状的颜色。

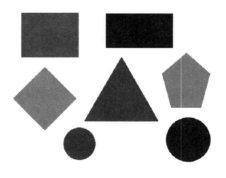

图 7-43　待检测的颜色形状图像　　　　　　　　　　　彩色图

1.颜色识别基本概念

一般对颜色空间的图像进行有效处理都是在 HSV 颜色模型中进行的，对于基本色中对应的 HSV 分量需要给定一个严格的范围。表 7-4 所示为各种颜色的 HSV 范围。

- H：0～180。
- S：0～255。
- V：0～255。

表 7-4　各种颜色的 HSV 范围

HSV	黑	灰	白	红		橙	黄	绿	青	蓝	紫
Hmin	0	0	0	0	156	11	26	35	78	100	125
Hmax	180	180	10	10	180	25	34	77	99	124	155
Smin	0	0	0	43		43	43	43	43	43	43
Smax	255	43	30	255		255	255	255	255	255	255
Vmin	0	46	221	46		46	46	46	46	46	46
Vmax	46	220	255	255		255	255	255	255	255	255

2．基本函数介绍

1）轮廓发现函数

轮廓是由一系列的点相连组成的形状，它们拥有同样的颜色。轮廓发现函数在图像的对象分析、对象检测等方面是非常有用的工具，在 OpenCV 中使用轮廓发现函数时，要求输入的图像是二值图像，这样便于进行轮廓提取、边缘提取等操作。轮廓发现函数与参数解释如下。

```
findContours(image, mode, method, contours=None, hierarchy=None, offset=None)
```

image 表示输入/输出的二值图像。

mode 表示返回的轮廓结构，可以是 List、Tree、External。

method 表示轮廓点的编码方式，基本基于链式编码。

contours 表示返回的轮廓集合。

hierarchy 表示返回的轮廓层次关系。

offset 表示点是否有位移。

2）多边形逼近函数

多边形逼近是通过对轮廓外形无限逼近，删除非关键点、得到轮廓的关键点，不断逼近轮廓真实形状的方法。OpenCV 中多边形逼近函数与参数解释如下。

```
approxPolyDP(curve, epsilon, closed, approxCurve=None)
```

curve 表示输入的轮廓点集合。

epsilon 表示逼近曲率，该值越小表示相似逼近越相似。

closed 表示是否闭合。

3）计算几何距函数

图像几何距是图像的几何特征，高阶几何距中心化之后具有特征不变性，可以用于形状匹配等操作，通过计算一阶几何距得到指定轮廓的中心位置，计算几何距的函数与参数解释如下。

```
moments(array, binaryImage=None)
```

array 表示指定输入轮廓。

binaryImage 默认为 None。

3. 代码实现与演示

代码实现分为如下几步：加载图像、图像二值化、轮廓发现、几何形状识别、计算面积与周长、计算中心位置。

程序代码如下。

```python
import cv2 as cv
import numpy as np

class ShapeAnalysis:
    def __init__(self):
        self.shapes = {'triangle': 0, 'rectangle': 0, 'polygons': 0, 'circles': 0}

    def analysis(self, frame):
        h, w, ch = frame.shape
        result = np.zeros((h, w, ch), dtype=np.uint8)
        # 图像二值化
        print("start to detect lines...\n")
        gray = cv.cvtColor(frame, cv.COLOR_BGR2GRAY)
        ret, binary = cv.threshold(gray, 0, 255, cv.THRESH_BINARY_INV | cv.THRESH_OTSU)
        cv.imshow("input image", frame)

        out_binary, contours, hierarchy = cv.findContours(binary, cv.RETR_EXTERNAL, cv.CHAIN_APPROX_SIMPLE)
        for cnt in range(len(contours)):
            # 提取与绘制轮廓
            cv.drawContours(result, contours, cnt, (0, 255, 0), 2)

            # 轮廓逼近
            epsilon = 0.01 * cv.arcLength(contours[cnt], True)
            approx = cv.approxPolyDP(contours[cnt], epsilon, True)

            # 分析几何形状
            corners = len(approx)
            shape_type = ""
            if corners == 3:
                count = self.shapes['triangle']
                count = count+1
                self.shapes['triangle'] = count
                shape_type = "三角形"
            if corners == 4:
                count = self.shapes['rectangle']
                count = count + 1
```

```python
                    self.shapes['rectangle'] = count
                    shape_type = "矩形"
                if corners >= 10:
                    count = self.shapes['circles']
                    count = count + 1
                    self.shapes['circles'] = count
                    shape_type = "圆形"
                if 4 < corners < 10:
                    count = self.shapes['polygons']
                    count = count + 1
                    self.shapes['polygons'] = count
                    shape_type = "多边形"

                # 计算中心位置
                mm = cv.moments(contours[cnt])
                cx = int(mm['m10'] / mm['m00'])
                cy = int(mm['m01'] / mm['m00'])
                cv.circle(result, (cx, cy), 3, (0, 0, 255), -1)

                # 颜色分析
                color = frame[cy][cx]
                color_str = "(" + str(color[0]) + ", " + str(color[1]) + ", " + str(color[2]) + ")"

                # 计算面积与周长
                p = cv.arcLength(contours[cnt], True)
                area = cv.contourArea(contours[cnt])
                print("周长: %.3f, 面积: %.3f 颜色: %s  形状: %s "% (p, area, color_str, shape_type))

        cv.imshow("Analysis Result", self.draw_text_info(result))
        cv.imwrite("test-result.png", self.draw_text_info(result))
        return self.shapes


def draw_text_info(self, image):
    c1 = self.shapes['triangle']
    c2 = self.shapes['rectangle']
    c3 = self.shapes['polygons']
    c4 = self.shapes['circles']
    cv.putText(image, "triangle: "+str(c1), (10, 20), cv.FONT_HERSHEY_PLAIN, 1.2, (255, 0, 0), 1)
    cv.putText(image, "rectangle: " + str(c2), (10, 40), cv.FONT_HERSHEY_PLAIN, 1.2, (255, 0, 0), 1)
    cv.putText(image, "polygons: " + str(c3), (10, 60), cv.FONT_HERSHEY_PLAIN, 1.2, (255, 0, 0), 1)
    cv.putText(image, "circles: " + str(c4), (10, 80), cv.FONT_HERSHEY_PLAIN, 1.2, (255, 0, 0), 1)
    return image
```

```
if __name__ == "__main__":
    src = cv.imread("D:/javaOpenCV/gem_test.png")
    ld = ShapeAnalysis()
    ld.analysis(src)
    cv.waitKey(0)
    cv.destroyAllWindows()
```

颜色和形状识别结果如图 7-44 所示。

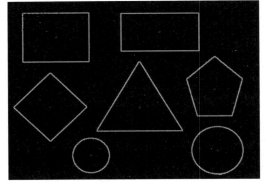

图 7-44 颜色和形状识别结果   彩色图

第8章　智能物流机器人小车的设计与制作

本章以大学生工程训练综合能力竞赛题目为例，介绍智能物流机器人小车的设计与制作。要求机器人小车自主运行，具有定位、移动、避障、读取条形码及二维码、物料位置和颜色识别、物料抓取与载运、上坡和下坡、路径规划等功能。

8.1　智能物流机器人小车的设计要求

8.1.1　智能物流机器人小车的运行场地

1. 赛道总体介绍

赛道设置了小车的起点、上料区、随机障碍区、装配区和终点。智能物流机器人小车的运行场地示意图如图 8-1 所示。

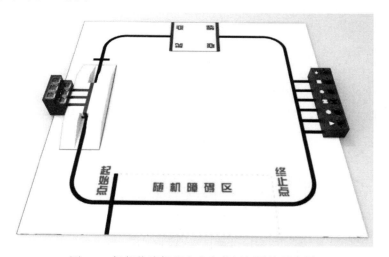

图 8-1　智能物流机器人小车的运行场地示意图

彩色图

赛场为 3000mm×3000mm 的正方形平面区域，赛场周围设有一定高度的挡板，仅作为场地边界（颜色和高度不做任何要求），不宜作为寻边等其他任何用途。智能物流机器人小车运行场地相关尺寸（单位：mm）如图 8-2 所示。

2. 上料区

上料区前有一个双边窄桥，窄桥高 100mm，上表面长 700mm，下表面长 1250mm，梯形斜坡坡度为 20°，窄桥材质为 EVA。双边窄桥如图 8-3（a）所示。上料区货架为一个长 370mm、宽 200mm、高 260mm，每阶高差 80mm 的两级台阶样式，为 EVA 材质，附有定位孔（亚克力材质）。上料区货架如图 8-3（b）所示。

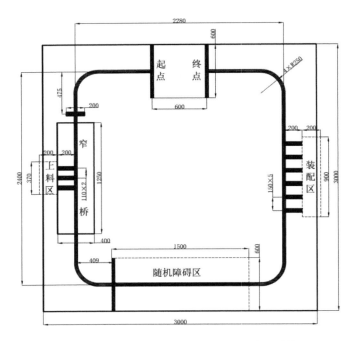

图 8-2　智能物流机器人小车运行场地相关尺寸（单位：mm）

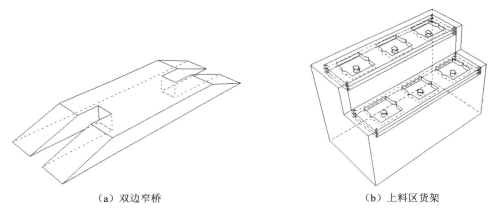

（a）双边窄桥　　　　　　　　　　　（b）上料区货架

图 8-3　上料区窄桥及货架示意图

3．随机障碍区

在随机障碍区中随机摆放挡板（挡板为一个高 180mm、宽 300mm 的白色 EVA 材质的物体）。

4．装配区

装配区货架及识别标志物形状如图 8-4 所示。装配区货架为一个长 900mm、宽 200mm、高 150mm 的单层 EVA 材质的物体，附有 6 个物料摆放仓位和 6 个识别标志物的摆放孔位，物料摆放仓位可添加亚克力材质孔板以限制仓位的大小和形状。

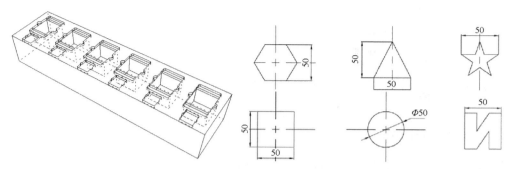

图 8-4　装配区货架及识别标志物形状

5．物料的形状及尺寸

需要搬运的物料有 6 个，其中有 3 个大物料，3 个小物料，从图 8-5 中的 6 个物料中选择 3 个大小一致的物料，大物料与小物料的尺寸差控制在 10mm 以内。物料的各边长或直径尺寸范围为 30～80mm，质量范围为 40～80g，物料全部放置于上料区货架上定位沉孔处，排序随机。

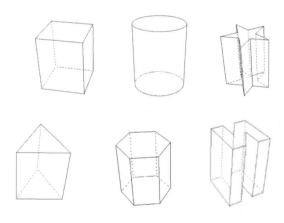

图 8-5　物料示意图

8.1.2　物料识别与搬运任务要求

智能物流机器人小车需要完成场地中物料的搬运，规定的任务有识别二维码、任务显示、识别上料、识别装配、精确定位、到达终点。

将机器人小车放置在指定出发位置（见图 8-1 中的绿色区域），按统一指令启动机器人小车，机器人小车移动到二维码显示板前读取二维码，获得所需搬运的 3 种颜色物料的搬运顺序。

机器人小车移动到原料区，按任务规定的顺序依次将上层物料准确地搬运到粗加工区对应的颜色区域内，将 3 种物料搬运至粗加工区后，按照从原料区上层搬运至粗加工区的顺序将已搬运到粗加工区的物料搬运至半成品区对应的颜色区域，将粗加工区的 3 种物料搬运至半成品区后，机器人小车返回原料区，按任务规定的顺序依次将下层物料准确地搬运到粗加工区对应的颜色区域内，将 3 种物料搬运至粗加工区后，按照从原料区下层搬运至粗加工区的顺序将已搬到粗加工区的物料搬运至半成品区，该 3 种物料在半成品区既可以平面放置，也可以在原来已经放置的物料上进行码垛放置（颜色要一致），完成任务后机器人小车回到返回区。

8.2 总体方案设计

8.2.1 系统模块组成

智能物流机器人小车主要由循迹、定位模块，显示模块，图像识别模块，物料取、放模块构成，可实现自主循迹、定位，任务显示提醒，物料颜色识别，二维码识别，自动取、放等功能，特点如下。

（1）循迹、定位模块：由 4 组五路循迹传感器组成，该传感器自带背光，抗外界光线干扰能力强，可根据不同场地，设置对应的识别精度，具有一定的场地适应性。车身四周分别搭载一组寻迹传感器。根据需要分别进行场地行进路线的识别、区域识别、定位。主控板 Arduino Mega2560 通过对循迹、定位模块的采样，感知路线、位置信息，控制机器人小车按既定方案自动地行进、转向、停止。

（2）显示模块：采用 OLED 显示屏模块，该模块是一种利用多层有机薄膜结构产生电致发光的元器件，它很容易制作，而且只需要低的驱动电压，这些主要的特征使得 OLED 显示屏在满足平面显示器的应用需求方面显得非常突出。OLED 显示屏比 LCD 更轻薄、亮度高、功耗低、响应快、清晰度高、柔性好、发光效率高。

（3）图像识别模块：硬件由树莓派 4B 及 1080p 高清 USB 摄像头组成。采用树莓派 4B，该模块 CPU 搭载 64 位 1.5GHz 四核 RAM，采用 Cortex A72，具有 15 指令流水线深度，在处理速率上比上一代高了 3 倍有余。

软件采用 OpenCV 图像处理模块，该库采用 C 语言及 C++编写，可以在 Windows、Linux、macOS X 系统上运行。该库的所有代码都经过优化，计算效率很高，属于开源库。OpenCV 采用 C 语言进行优化，而且在多核机器上，其运行速率会更高。

可进行物体颜色识别，二维码、条形码识别等操作，面对复杂的环境光线影响，通过缩小感兴趣区域、滤波，对所获取的图像加以处理，提高识别的准确率。

（4）物料取、放模块：由机械臂及滑轨式物料仓组成。采用多自由度机械臂，体积小，抓取精度高；采用滑轨式物料仓，可以降低控制调试难度。物料仓采用 3D 打印技术，可以根据比赛所需抓取的物料调整物料框大小，以求满足物料限位的要求。

8.2.2 控制系统设计思路

智能物流机器人小车由 Arduino Mega2560 主板对各种传感器的传输信号进行分析处理，来驱动电动机和舵机进行控制，实现竞赛的各项任务，实现过程如下：在巡线时，通过灰度循迹传感器监测机器人小车所在位置，并对上料区和装配区进行准确定位；在夹取和放置物料时，由可自动调节角度的舵机来控制机械臂夹取和放置物料。

该智能物流机器人小车的运动是由 Arduino 控制的，通过 STM32F103RE 编码器电动机控制板控制 4 个电动机的转动，运动时通过运动方向前部的灰度传感器进行巡线，两侧灰度传感器负责进行定位，后方灰度传感器负责检测车身相对位置情况。

机械臂运动通过舵机控制，利用串行总线舵机控制板控制舵机的运动。通过树莓派在 OpenCV 上进行图像读取识别，判断物料的形状、大小及颜色。控制系统框图如图 8-6 所示。

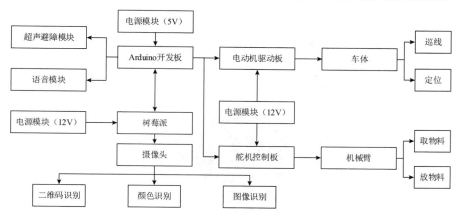

图 8-6　控制系统框图

主控流程图如图 8-7 所示。

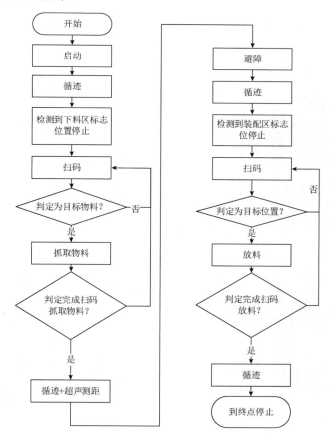

图 8-7　主控流程图

8.3　机械结构设计

8.3.1　车体设计

1．底板结构

底板结构图如图 8-8 所示。底板结构分为上下两层结构，下层主要集中放置各个电路控制模块及航模电池，上层放置的是载物台及机械臂。上下两层由 4 根铜柱支撑，下底板通过电动机支架安装 4 个电动机带动 4 个车轮运动。

图 8-8　底板结构图

2．移动方式

机器人小车移动方向控制方式如图 8-9 所示。机器人小车可以像汽车一样前进、后退和左右转弯。如果两侧车轮转动方向一致，那么机器人小车将前进或后退；如果一侧车轮不旋转，那么机器人小车将转弯行驶。

（a）左右车轮向前，机器人小车前进

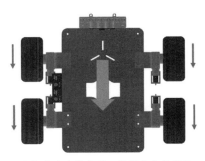

（b）左右车轮向后，机器人小车后退

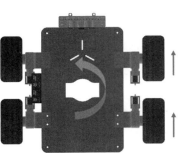

（c）仅右车轮向前，机器人小车左转

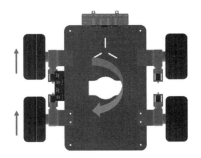

（d）仅左车轮向前，机器人小车右转

图 8-9　机器人小车移动方向控制方式

和汽车不同的是，设计人员可以控制两侧车轮的转向让机器人小车在原地旋转。如果两侧车轮转向相反，那么机器人小车就会旋转。机器人小车原地旋转控制方式如图 8-10 所示。

图 8-10　机器人小车原地旋转控制方式

8.3.2　机械臂设计

根据抓取需要，机器人采用 5 自由度机械臂，通过连接件将舵机连接起来，制作成串联机械臂。机械臂结构图如图 8-11 所示。由于机械臂关节多，所以机械臂动作灵活，机械臂总体支架结构的长度恰到好处，配合载物台的滑动可以实现精准并快速地运行上料、装配功能。

图 8-11　机械臂结构图

8.4　电动机驱动电路

电动机选用直流电动机，使用 TB6612 驱动板驱动。直流电动机及 TB6612 驱动板如图 8-12 所示。

（1）电动机：直流减速电动机，该电动机具有优良的调速特性，调速平滑、方便。调整范围广，过载能力强，能承受频繁地冲击负载，可实现频繁地快速启动、制动和反转。

（2）电动机驱动：采用 TB6612 电动机驱动模块，该模块相对于传统的 LN298 电动机驱动模块效率提高很多，体积大幅度减小，在额定功率范围内芯片基本不发热。

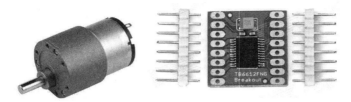

图 8-12　直流电动机及 TB6612 驱动板

8.5　机器人小车巡线系统设计

巡线是机器人小车的一个典型任务。机器人小车通过传感器确定位置和路线的关系，确保传感器始终处于路线正中，始终跟随路线行驶。

1）巡线传感器的选择

巡线传感器采用 4 组 5 路数字灰度传感器。该传感器的灵敏度较高，具有 LED 背光光源，抗干扰能力较强，能在环境光线复杂多变的情况下稳定工作。数字灰度传感器如图 8-13 所示。

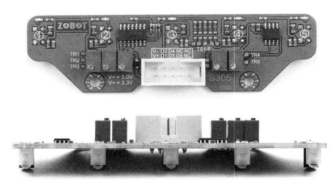

图 8-13　数字灰度传感器

2）巡线的原理及巡线流程

在机器人小车前进过程中，5 路巡线传感器监测各通道的信号，走直线时检测到信号为"白白黑白白"，经过弯道时，传感器获取的信号发生变化（"白白黑黑白""白白黑黑黑"等），这些信号作为控制机器人小车转向的依据，根据不同的数值，分别实现左转、右转，根据不同的转弯半径、转向幅度也可以进行控制。巡线原理图如图 8-14 所示。

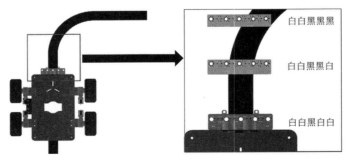

图 8-14　巡线原理图

巡线流程图如图 8-15 所示。

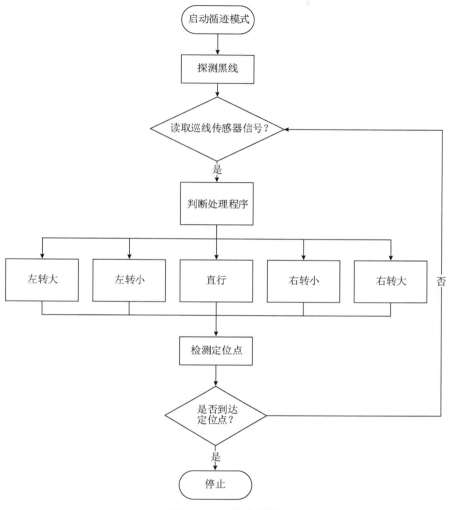

图 8-15 巡线流程图

3）巡线程序示例

```
#include "grayscare.h"
#include "motor.h"
Motor motor(11, 10, 23, 22, 24, 25);
Gray gray(46, 47, 48, 49, 50, 51, 52, 27, 28, 29, 30, 31, 32, 33);

void setup() {
    motor.init();
    gray.init();
    Serial.begin(115200); // 计算机串口通信
}
```

```
void loop() {
  gray.getdata();
  int n = (gray.front1 << 6) + (gray.front2 << 5) + (gray.front3 << 4) + (gray.front4 << 3) + (gray.front5 << 2) +
(gray.front6 << 1) + gray.front7;

  switch (n)
  {
  case 0x7E:
    motor.forward(50, 0);
    break;
  case 0x7C:
    motor.forward(50, 0);
    break;
  case 0x78:
    motor.forward(50, 10);
    break;
  case 0x79:
    motor.forward(50, 20);
    break;
  case 0x71:
    motor.forward(50, 30);
    break;
  case 0x73:
    motor.forward(90, 0);
    break;
  case 0x63:
    motor.forward(50, 55); // 由于直走会向左偏，所以左边 PWM 大一些
    break;
  case 0x67:
    motor.forward(0, 80);
    break;
  case 0x47:
    motor.forward(30, 50);
    break;
  case 0x4F:
    motor.forward(20, 50);
    break;
  case 0x0F:
    motor.forward(10, 50);
    break;
  case 0x1F:
    motor.forward(0, 50);
    break;
```

```
    case 0x3F:
        motor.forward(0, 50);
        break;

        // 上坡循迹
    case 0x70:
        motor.forward(100, 20);
    case 0x40:
        motor.forward(100, 0);
        break;
    case 0x01:
        motor.forward(0, 100);
        break;
    case 0x03:
        motor.forward(0, 100);
        break;
    case 0x60:
        motor.forward(50, 55);
        break;
    default:
        motor.forward(120, 120);
        break;
    }
}
```

注：运行此次程序需要用到 grayscare 和 motor 两个自建库文件，库文件代码如下。

（1）grayscare cpp 文件代码。

```
#include <Arduino.h>
#include "grayscare.h"


Gray::Gray(int f1_pin, int f2_pin, int f3_pin, int f4_pin, int f5_pin, int f6_pin, int f7_pin, int s1_pin, int s2_pin,
          int s3_pin, int s4_pin, int s5_pin, int s6_pin, int s7_pin)
{
    this->_f1_pin = f1_pin;
    this->_f2_pin = f2_pin;
    this->_f3_pin = f3_pin;
    this->_f4_pin = f4_pin;
    this->_f5_pin = f5_pin;
    this->_f6_pin = f6_pin;
    this->_f7_pin = f7_pin;
    this->_s1_pin = s1_pin;
    this->_s2_pin = s2_pin;
    this->_s3_pin = s3_pin;
    this->_s4_pin = s4_pin;
```

```cpp
        this->_s5_pin = s5_pin;
        this->_s6_pin = s6_pin;
        this->_s7_pin = s7_pin;

}
void Gray::init()
{
        pinMode(_f1_pin, INPUT);
        pinMode(_f2_pin, INPUT);
        pinMode(_f3_pin, INPUT);
        pinMode(_f4_pin, INPUT);
        pinMode(_f5_pin, INPUT);
        pinMode(_f6_pin, INPUT);
        pinMode(_f7_pin, INPUT);
        pinMode(_s1_pin, INPUT);
        pinMode(_s2_pin, INPUT);
        pinMode(_s3_pin, INPUT);
        pinMode(_s4_pin, INPUT);
        pinMode(_s5_pin, INPUT);
        pinMode(_s6_pin, INPUT);
        pinMode(_s7_pin, INPUT);
}
void Gray::getdata()
{
        front1 = digitalRead(_f1_pin);
        front2 = digitalRead(_f2_pin);
        front3 = digitalRead(_f3_pin);
        front4 = digitalRead(_f4_pin);
        front5 = digitalRead(_f5_pin);
        front6 = digitalRead(_f6_pin);
        front7 = digitalRead(_f7_pin);
        side1 = digitalRead(_s1_pin);
        side2 = digitalRead(_s2_pin);
        side3 = digitalRead(_s3_pin);
        side4 = digitalRead(_s4_pin);
        side5 = digitalRead(_s5_pin);
        side6 = digitalRead(_s6_pin);
        side7 = digitalRead(_s7_pin);

}
```

（2）grayscare h 文件代码。

```cpp
#ifndef GRAYSCARE_H
```

```cpp
#define GRAYSCARE_H

class Gray
{
private:
    int _f1_pin;
    int _f2_pin;
    int _f3_pin;
    int _f4_pin;
    int _f5_pin;
    int _f6_pin;
    int _f7_pin;
    int _s1_pin;
    int _s2_pin;
    int _s3_pin;
    int _s4_pin;
    int _s5_pin;
    int _s6_pin;
    int _s7_pin;

public:
    int front1;
    int front2;
    int front3;
    int front4;
    int front5;
    int front6;
    int front7;
    int side1;
    int side2;
    int side3;
    int side4;
    int side5;
    int side6;
    int side7;

    void getdata();
    void init();
    Gray(int f1_pin, int f2_pin, int f3_pin, int f4_pin, int f5_pin, int f6_pin, int f7_pin, int s1_pin, int s2_pin,
        int s3_pin, int s4_pin, int s5_pin, int s6_pin, int s7_pin);
};
#endif
```

（3）motor cpp 文件代码。

```cpp
#include "motor.h"
#include <Arduino.h>
```

```
Motor::Motor(int PWMA, int PWMB, int AIN1, int AIN2, int BIN1, int BIN2)
{
    this->_AIN1 = AIN1;
    this->_AIN2 = AIN2;
    this->_BIN1 = BIN1;
    this->_BIN2 = BIN2;
    this->_PWMA = PWMA;
    this->_PWMB = PWMB;
}

void Motor::init()
{
    pinMode(_PWMA, OUTPUT);
    pinMode(_PWMB, OUTPUT);
    pinMode(_AIN1, OUTPUT);
    pinMode(_AIN2, OUTPUT);
    pinMode(_BIN1, OUTPUT);
    pinMode(_BIN2, OUTPUT);
}
void Motor::back(int speedL, int speedR)
{
    digitalWrite(_AIN1, LOW);
    digitalWrite(_AIN2, HIGH);
    digitalWrite(_BIN1, LOW);
    digitalWrite(_BIN2, HIGH);
    analogWrite(_PWMA, speedL);
    analogWrite(_PWMB, speedR);
}

void Motor::turn(int dir, int speedL, int speedR)
{
    switch (dir)
    {
    case 0:
        digitalWrite(_AIN1, LOW);
        digitalWrite(_AIN2, HIGH);
        digitalWrite(_BIN1, HIGH);
        digitalWrite(_BIN2, LOW);
        analogWrite(_PWMA, speedL);
        analogWrite(_PWMB, speedR);
        break;
    case 1:
```

```
        digitalWrite(_AIN1, HIGH);
        digitalWrite(_AIN2, LOW);
        digitalWrite(_BIN1, LOW);
        digitalWrite(_BIN2, HIGH);
        analogWrite(_PWMA, speedL);
        analogWrite(_PWMB, speedR);
        break;
    default:
        digitalWrite(_AIN1, LOW);
        digitalWrite(_AIN2, LOW);
        digitalWrite(_BIN1, LOW);
        digitalWrite(_BIN2, LOW);
        break;
    }
}

void Motor::forward(int speedL, int speedR)
{
    digitalWrite(_AIN1, HIGH);
    digitalWrite(_AIN2, LOW);
    digitalWrite(_BIN1, HIGH);
    digitalWrite(_BIN2, LOW);
    analogWrite(_PWMA, speedL);
    analogWrite(_PWMB, speedR);
}

void Motor::stop()
{
    digitalWrite(_AIN1, LOW);
    digitalWrite(_AIN2, LOW);
    digitalWrite(_BIN1, LOW);
    digitalWrite(_BIN2, LOW);
}
```

（4）motor h 文件代码。

```
#ifndef MOTOR_H
#define MOTOR_H

class Motor
{
private:
    int _PWMA;
    int _PWMB;
    int _AIN1;
```

```
    int _AIN2;
    int _BIN1;
    int _BIN2;

public:
    Motor(int PWMA, int PWMB, int AIN1, int AIN2, int BIN1, int BIN2);
    void turn(int dir, int speedL, int speedR);
    void forward(int speedL, int speedR);
    void back(int speedL, int speedR);
    void stop();
    void init();
};

#endif
```

8.6 机械臂控制系统

机械臂采用总线舵机控制。Arduino 开发板与总线舵机控制板连接图如图 8-16 所示。

（1）机械臂：采用 2mm 硬铝板，细沙亚光喷塑。有多功能支架、长 U 支架、短 U 支架、L 型支架。

（2）舵机：配合串行总线舵机控制板采用串行总线舵机。

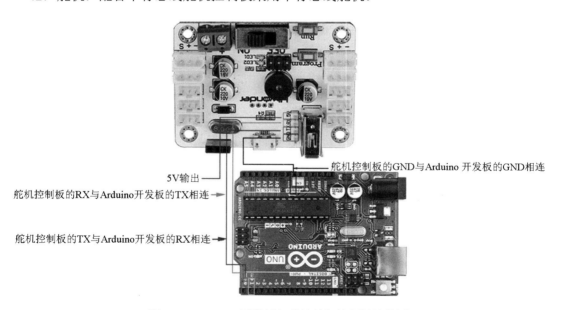

5V输出
舵机控制板的GND与Arduino 开发板的GND相连
舵机控制板的RX与Arduino开发板的TX相连
舵机控制板的TX与Arduino开发板的RX相连

图 8-16　Arduino 开发板与总线舵机控制板连接图

```
#include <Wire.h>
#include <Adafruit_PWMServoDriver.h>
#define SERVOMIN   150      // 这是"最小"脉冲长度计数（在 4096 中）
#define SERVOMAX   600      // 这是"最大"脉冲长度计数（在 4096 中）
```

```
void setup() {
    Serial.begin(9600);
    Serial.println("16 channel Servo test!");
  pwm.begin();
        pwm.setPWMFreq(60);       // 模拟伺服以 60Hz 的频率更新
}
void setServoPulse(uint8_t n, double pulse) {
    double pulselength;              // 精度浮点数

    pulselength = 1000000;
    pulselength /= 60;
    Serial.print(pulselength); Serial.println(" μs per period");
    pulselength /= 4096;
    Serial.print(pulselength); Serial.println(" μs per bit");
    pulse *= 1000;
    pulse /= pulselength;
    Serial.println(pulse);
    pwm.setPWM(n, 0, pulse);
}

void loop() {
 // 每次驱动一个伺服驱动器
 // 串行打印（伺服）
    for (uint16_t pulselen = SERVOMIN; pulselen < SERVOMAX; pulselen++) {
      pwm.setPWM(0, 0, pulselen);
      pwm.setPWM(1, 0, pulselen);
      pwm.setPWM(2, 0, pulselen);
      pwm.setPWM(3, 0, pulselen);
      pwm.setPWM(4, 0, pulselen);
      pwm.setPWM(5, 0, pulselen);
      pwm.setPWM(6, 0, pulselen);
      pwm.setPWM(7, 0, pulselen);
      pwm.setPWM(8, 0, pulselen);
      pwm.setPWM(9, 0, pulselen);
      pwm.setPWM(10, 0, pulselen);
      pwm.setPWM(11, 0, pulselen);
      pwm.setPWM(12, 0, pulselen);
      pwm.setPWM(13, 0, pulselen);
      pwm.setPWM(14, 0, pulselen);
      pwm.setPWM(15, 0, pulselen);
    }
    delay(500);
    for (uint16_t pulselen = SERVOMAX; pulselen > SERVOMIN; pulselen--) {
      pwm.setPWM(0, 0, pulselen);
      pwm.setPWM(1, 0, pulselen);
```

```
        pwm.setPWM(2, 0, pulselen);
        pwm.setPWM(3, 0, pulselen);
        pwm.setPWM(4, 0, pulselen);
        pwm.setPWM(5, 0, pulselen);
        pwm.setPWM(6, 0, pulselen);
        pwm.setPWM(7, 0, pulselen);
        pwm.setPWM(8, 0, pulselen);
        pwm.setPWM(9, 0, pulselen);
        pwm.setPWM(10, 0, pulselen);
        pwm.setPWM(11, 0, pulselen);
        pwm.setPWM(12, 0, pulselen);
        pwm.setPWM(13, 0, pulselen);
        pwm.setPWM(14, 0, pulselen);
        pwm.setPWM(15, 0, pulselen);
    }
    delay(500);
}
```

8.7　图形图像处理模块

颜色、图像识别：采用树莓派连接摄像头，对拍摄到的物料进行识别，并通过串口与 Aduino Mega2560 进行数据交互，完成颜色及图像的识别。

1）彩色模型

数字图像处理中常用的模型是 RGB（红、绿、蓝）颜色模型和 HSV（色调、饱和度、明度）颜色模型，RGB 颜色模型广泛应用于彩色监视器和彩色视频摄像机，平时的图片一般都是 RGB 颜色模型。而 HSV 颜色模型更符合人们描述和解释颜色的方式，HSV 颜色模型的彩色描述方式对人们来说是自然且非常直观的。

2）HSV 颜色模型

HSV 颜色模型中颜色的参数分别是色调（H：Hue）、饱和度（S：Saturation）、明度（V：Value）。HSV 颜色模型是由 A.R.Smith 在 1978 年创建的一种颜色模型，也称六角锥体模型。

（1）色调（H：Hue）：用角度度量，取值范围为 0°～360°，从红色开始按逆时针方向计算，红色为 0°，绿色为 120°，蓝色为 240°。它们的补色是黄色为 60°，青色为 180°，品红为 300°。

（2）饱和度（S：Saturation）：取值范围为 0.0～1.0，该值越大，颜色越饱和。

（3）明度（V：Value）：取值范围为 0（黑色）～255（白色）。

3）RGB 颜色模型转 HSV 颜色模型

设(r,g,b)分别是一个颜色的红、绿和蓝坐标，它们的值是在 0～1 之间的实数。设 max 等价于 r、g 和 b 中的最大者，min 等价于这些值中的最小者。要找到在 HSV 空间中的(h,s,v)值，这里的 $h \in [0,360)$ 是角度的色相角，而 s，$v \in [0,1]$ 是饱和度和明度，计算为

```
max=max(R, G, B)
min=min(R, G, B)
if R = max,H = (G-B)/(max-min)
if G = max,H = 2 + (B-R)/(max-min)
```

```
if B = max,H = 4 + (R-G)/(max-min)
H = H * 60
if H < 0,H = H + 360
V=max(R, G, B)
S=(max-min)/max
```

OpenCV 下有个函数可以直接将 RGB 颜色模型转换为 HSV 颜色模型，需要注意的是 OpenCV 中 $H\in[0,180]$，$S\in[0,255]$，$V\in[0,255]$。H 分量基本能表示一个物体的颜色，但是 S 和 V 的取值也要在一定范围内，因为 S 代表的是 H 所表示的那个颜色和白色的混合程度，也就是说 S 越小，颜色越发白，也就越浅；V 代表的是 H 所表示的那个颜色和黑色的混合程度，也就是说 V 越小，颜色越发黑。OpenCV HSV 颜色模型中各颜色的 H 取值范围表如表 8-1 所示。

表 8-1　OpenCV HSV 颜色模型中各颜色的 H 取值范围表

序　　号	颜　　色	H 取值范围
1	橙色	11～25
2	黄色	26～34
3	绿色	35～77
4	蓝色	100～124
5	紫色	125～155
6	红色	0～10；156～180

4）OpenCV 实现

首先读取一张图片或从视频中读取一帧图像，用下面的函数将图像由 RGB 模式转为 HSV 模式。

```
cvtColor(imgOriginal, imgHSV, COLOR_BGR2HSV);
```

然后对彩色图像做直方图均衡化。

```
// 因为读取的是彩色图，所以直方图均衡化需要在 HSV 颜色模型中进行
    split(imgHSV, hsvSplit);
    equalizeHist(hsvSplit[2], hsvSplit[2]);
    merge(hsvSplit, imgHSV);
```

下面进行颜色检测，使用 void inRange(InputArray src, InputArray lowerb,InputArray upperb, OutputArray dst);函数进行颜色检测，这个函数的作用就是检测 src 图像的每个像素是不是在 lowerb 和 upperb 之间，如果是，那么这个像素就设置为 255，并保存在 dst 图像中，否则这个像素设置为 0。

```
    inRange(imgHSV, Scalar(iLowH, iLowS, iLowV), Scalar(iHighH, iHighS, iHighV), imgThresholded);
```

通过上面的函数就可以得到目标颜色的二值图像，先对二值图像进行开操作，删除一些零零星星的噪点，再使用闭操作，连接一些连通域，也就是删除一些目标区域的白色的洞。

```
// 开操作（去除一些噪点）
Mat element = getStructuringElement(MORPH_RECT, Size(5, 5));
morphologyEx(imgThresholded, imgThresholded, MORPH_OPEN, element);
```

```
// 闭操作（连接一些连通域）
morphologyEx(imgThresholded, imgThresholded, MORPH_CLOSE, element);
```

完整程序代码如下。

```
import cv2
import numpy as np

def shape_detect(frame):
    frame = cv2.flip(frame, 1)
    gray = cv2.cvtColor(frame, cv2.COLOR_BGR2GRAY) # 转换为灰度图像
    blur = cv2.GaussianBlur(gray, (5, 5), 0) # 高斯模糊
    # 两种二值化方式
    ret, thresh1 = cv2.threshold(blur, 127, 255, cv2.THRESH_BINARY_INV + cv2.THRESH_OTSU) # 二值化
    ret, thresh = cv2.threshold(blur, 127, 255, cv2.THRESH_BINARY) # 二值化
    contours, hierarchy = cv2.findContours(thresh, cv2.RETR_TREE, cv2.CHAIN_APPROX_SIMPLE) #
查找轮廓
    cv2.drawContours(frame, contours, -1, (0, 255, 0), 3) # 绘制轮廓
    for cnt in contours:
        area = cv2.contourArea(cnt)
        approx = cv2.approxPolyDP(cnt, 0.009 * cv2.arcLength(cnt, True), True) # 计算逼近多边形的顶点
        x = approx.ravel()[0]
        y = approx.ravel()[1]
        if area > 500: # 如果面积大于 500，那么绘制轮廓，并筛选出面积大于 500 的轮廓
            cv2.putText(frame, "Shape", (x, y), cv2.FONT_HERSHEY_COMPLEX, 0.5, (0, 0, 255), 2)
            cv2.drawContours(frame, [approx], 0, (0, 0, 255), 5)
    return frame, thresh


def color_detect(frame):
    frame = cv2.flip(frame, 1) # 将图像镜像
    hsv = cv2.cvtColor(frame, cv2.COLOR_BGR2HSV)        # 转换为 HSV 图像
    # 这里是颜色阈值的设置，H：色调，S：饱和度，V：明度，需要设置上下限
    lower_blue = np.array([110, 50, 50])
    upper_blue = np.array([130, 255, 255])
    mask = cv2.inRange(hsv, lower_blue, upper_blue)        # 利用色彩模板进行掩模
    res = cv2.bitwise_and(frame, frame, mask=mask)        # 利用掩模进行颜色提取
    # cv2.imshow("Frame", frame)
    # cv2.imshow("Mask", mask)
    # cv2.imshow("Res", res)
    return res
```

练习

结合大学生工程训练综合能力竞赛或机器人大赛，搭建一个轮式机器人，完成巡线、避障、识别、抓取等功能。